초등

학부모
입문서

초등 학부모 입문서

1학년 학부모가 알아야 할 모든 것

2021년 1월 5일 초판 1쇄 인쇄
2021년 1월 8일 초판 1쇄 발행

지은이	이유남·이명자·조성희·한상희
그린이	이수영
펴낸이	양진오
펴낸곳	(주)교학사
주　소	서울특별시 마포구 마포대로 14길 4
전　화	영업 (02) 707-5147　　　편집 (02) 707-5350
등　록	1962년 6월 26일 (18-7)
편　집	조선희, 김길선

ⓒ 이유남·이명자·조성희·한상희 2021
ISBN 978-89-09-54492-4 13590

함께자람은 (주)교학사의 유아·어린이 책 브랜드입니다.

초 등
학부모
입문서

이유남·이명자·조성희·한상희 지음

1학년 학부모가 알아야 할 모든 것

함께자람

학부모가 되어 마음 설레지만
많은 것이 궁금하고 답답한 부모님을 위해서!

제 첫아이가 처음 입학을 하던 때가 떠오릅니다. 아이가 입학할 때, 그때 저는 이미 교사로서 10년 이상 학교에서 근무를 했고, 1학년을 가르친 경험도 있었습니다. 하지만 막상 아이의 입학식 전날이 되니 만감이 교차하며 잠이 오지 않았습니다.

'우리 아이가 벌써 입학을 하는구나!'

설레기도 했습니다.

'아이가 학교에 가서 잘 적응할 수 있을까?'

여러 가지 걱정이 더 컸습니다.

자녀가 학교에 처음 입학하면 부모님도 아이와 똑같이 입학하는 심정일 겁니다.

부모님이 가장 바라는 것은 아이가 학교생활에 잘 적응하고, 친구들과 잘 어울리며, 안전하고 즐거운 생활을 하는 것이겠지요.

하지만 처음 학부모가 되니 부모로서 무엇을 도와줘야 할지, 어떤 부분을 어떤 방법으로 도와줘야 할지, 낯선 학교생활에 설렘과 두려움을 동시에 느끼는 아이들처럼 학부모님들도 엄청 고민이 많을 것입니다.

그런 부모님들에게 구체적이고 현실적인 도움이 되기를 바라는 마음으로 우리는 이 책을 집필했습니다.

저는 『엄마 반성문』이라는 책을 썼습니다. 이 책은 아이를 잘못 키운 제가, 절대로 아이를 이렇게 키우고 가르치면 안 된다는 마음을 담아 쓴 것입니다. 부모로서 저의 부족함과 부끄러운 치부를 만천하에 공개했는데, 많은 분들이 공감해 주어서 저는 『엄마 반성문』으로 베스트셀러 작가가 되었습니다.

지금 이 책도 『엄마 반성문』처럼 내 아이를 다시 키울 수만 있다면, 초등학교를 처음 보내는 학부모님들이 나와 같은 실수를 저지르지 않고 훌륭한 부모님이 되었으면 하는 바람을 담았습니다. 다만 이 책은 초등학교에 입학하는 아이와 그런 아이를 둔 부모님들에게 더 실제적인 도움이 되었으면 해서 각 전문 분야의 선생님들과 같이 쓰게 되었습니다.

이 책을 쓴 저자들은 교단에서 20년 이상 학생들을 가르쳐 온 선생님이자 자신의 자녀들을 키운 부모들입니다. 특히 저학년 학생들을 오랫동안 가르치며, 또한 자신의 아이들을 키우며 고민하고 깨달아 현장에 적용했던 생생하고 풍부한 지도 경험을 가진 분들입니다. 그 경험을 바탕으로 부모님들이 궁금해하는 것들을 시원하게 해결해 드릴 것이라 확신합니다.

세 분의 선생님들이 현장에서 꼭 필요한 세세한 부분의 지도 방법을 사례 중심으로 집필하였고, 저는 앞으로 자녀를 키울 때 생각해야 할 대원칙 12가지를 넣었습니다.

책에 소개된 세부적이고 자세한 내용들은 초등학교에 입학하는 자녀뿐 아니라 현재 재학 중인 다른 자녀들의 교육에도 큰 도움이 될 것입니다.

여러분은 저처럼 반성문을 쓰는 부모가 되지 않기를 바랍니다.

이 책을 읽고 적용하면 여러분은 아이를 잘 키운 부모가 될 것입니다. 그래서 '행복한 자녀, 존경받는 부모'가 되어 행복 일기, 감사 일기를 쓰게 되리라 확신합니다.

대한민국의 모든 부모님들께
확실하고 실질적인 도움을 드리고 싶은
이유남 · 이명자 · 조성희 · 한상희 드림

차례_

 # 좋은 부모가 되기 위한 내비게이션

 # 학교를 신나는 곳으로 느끼게 하자

3교시 # 두근두근 초등 공부 시작하기

몸과 마음이 건강한 아이

5교시 # 지성·감성·인성을 기르는 창의 교육

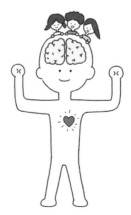

6교시 # 사람에 따라 다른 학습 스타일

우리 아이 독서력 키우기

좋은 부모가 되기 위한
내비게이션

이유남
입니다.

아이들은 좋은 부모, 좋은 선생님을 만나면 자신들의 잠재 능력을 마음껏 발휘할 수 있어요. 그래서 본인도 행복하고 다른 사람도 행복하게 해 주는 행복한 리더가 될 수 있습니다. 저는 이것을 두 아이와 말로 표현하기 힘든 고통스러운 갈등을 겪고 부모 자격 공부를 하면서 알았습니다. 제가 얼마나 문제 부모였는지를 깨달았지요. 저 같은 문제 부모가 되지 않기를 책으로, 전국 방방곡곡, 전 세계를 다니며 강연으로 전하고 있습니다.

할 수만 있다면, 할 수만 있다면
아이를 다시 낳아 기르고 싶다

할 수만 있다면, 할 수만 있다면, 신이 다시 나에게 기회를 준다면, 아이를 다시 낳아 기르고 가르쳐 보고 싶다. 하지만 나는 이미 한 번밖에 주어지지 않는 기회를 놓쳐 버렸다. 다시 올 수 없는 기회였음을 이제야 깨닫고 후회하고 가슴을 치고 있는 것이다.

솔직히 나는 학부모가 되어 지금 이 책을 읽고 있는 여러분들이 정말 부럽다. 아이가 자퇴하지 않았을 때, 아이가 괴물이 되지 않고 부모와 원수가 되지 않았을 때, 이런 책을 읽으며 아이를 잘 키우기 위해 노력하는 여러분은 지혜롭고 현명한 부모이다. 지혜롭고 현명한 부모를 만난 여러분의 아이들은 정말 축복받은 아이들이다.

내가 일찍이 이런 책을 읽고 도움을 받았더라면 우리 아이들과 나의 제자들은 훨씬 더 행복했을 것이며, 잠재된 능력을 마음껏 발휘해서 이 사회에 더 크게 쓰임 받는 행복한 글로벌 리더로 자랐을 것이다.

두 아이를 키우며 그리고 40여 년의 교직 생활을 하며 부모로서 지켜야 할 12가지의 소중한 대원칙을 나의 경험을 바탕으로 정리해 보았다. 이 책에 담긴 내용들이 이제 막 학부모가 된 여러분의 소중한 아이들을 키우는 데 크게 도움이 될 것을 확신하며 그 첫발을 내딛는다.

행복한 자녀로 키우기 위한 대원칙 12가지

1. 감시자가 되지 말고 진정한 부모가 되어라

부모는 아이를 잘 키우겠다는 마음으로 아이에게 수없이 많은 잔소리를 하게 된다. 그래서 자신도 모르게 부모의 역할보다는 감시자, 관리자, 감독자의 역할을 하게 되는 경우가 많다.

아이를 행복하게 키우려면 진정한 부모가 되어야 한다. 좋은 부모가 해야할 가장 중요한 일 중의 하나가 아이와 함께 하루 30분 이상의 대화 시간을 갖는 것이다. 여기에서 말하는 30분은 부모가 아이에게 말하는 30분이 아니라, 아이의 말을 들어주는 30분을 말한다. 마음의 여유를 갖고 아이의 눈을 바라보며 아이의 감정을 공감해 주고, 맞장구치며 들어줄 수 있는 30분의 대화여야 한다는 뜻이다.

아이의 말을 30분 이상 들어줌으로써 아이의 감정, 상황, 욕구 등을 파악하게 된다면 그것들을 바탕으로 아이의 필요한 부분을 바르게 지원해 줄 수 있기 때문이다. 아이와 30분 이상 대화할 수 있거나, 그런 분위기를 만들 수 있을 때 감시자나 관리자가 아닌 진정한 부모가 되는 첫걸음이다.

2. 엄마 주도 학습(타인 주도 학습)이 아닌 자기 주도 학습을 하게 하라

어려서부터 스스로 무엇인가를 할 수 있는 '자기 주도 학습 능력'을 키워 주어야 한다. 자기 주도 학습 능력이란 스스로 생각하고 스스로 선택해서 스스로 행동으로 옮기는 능력을 말한다. 아이가 아닌 엄마나 다른 사람, 또는 학원이 주도하는 학습을 하게 되면 초기에는 잘 따라가는 것 같지만 머지않아 곧 한계가 오고 만다. 단지 아이들마다 그 한계가 오는 시기가 다를 뿐이다.

3. 자존심을 키우지 말고 자존감을 키워라

무엇인가를 스스로 하려면 '동기 부여'가 필요하다. 동기 부여란 무엇인가 자꾸 하고 싶어지는 마음이라 할 수 있다.

아이들이 무언가를 하지 않으려 하는 것은 바로 동기 부여가 되지 않기 때문이다. 동기 부여의 형성에는 많은 요소들이 필요하지만 그중 가장 중요한 것이 '자존감'이라는 연구 결과가 있다.

어떤 자극이 와도 화를 잘 내지 않고, 마음이 넉넉하며 포용력이 있는 무던한 사람은 자존감이 높다. 이런 사람들은 누군가가 상처를 주어도 그 상처 때문에 많이 힘들어 하지 않고 시련과 어려움이 닥쳐도 잘 극복해 낸다. 그래서 아이들에게는 자존심보다 자존감을 키워 주는 것이 중요하다. 자존감을 키워 주려면 인정, 존중, 지지, 격려, 칭찬이 생활화되어야 한다.

4. 못하는 것을 잘하게 하는 것보다 잘하는 것을 더 잘하게 하라

부모들은 아이가 무엇을 잘하는지 잘 모르고 있거나, 때로는 알면서도 인정해 주지 않는 경향이 높다. 그리고 아이의 부족하고 못하는 것을 찾아내 잘하도록 강요하는 부모가 많다. 잘하는 것을 더 잘하게 하는 교육이 '진로 교육'이라면 '학습 교육'은 못하는 것을 더 잘하게 하려는 경우가 많다. 불행히도 우리나라의 교육은 진로 교육보다 학습 교육에 치우쳐 있다.

하지만 '학습 교육' 중 못하는 것을 더 잘하게 하려고 강요하는 교육은 아이의 자존감을 떨어뜨리며, 교육적 성과도 내지 못한다. 자녀가 잘하는 것에 주목해야 한다. 그런데 잘하는 것은 쉽게 찾아지는 게 아니다. 아이들이 무엇을 잘하는지 알려면 아이가 이 일을 할 때도 저 일을 할 때도 잘했다고 인정해 주고 칭찬해 주는 과정이 필요하다. 그래야 아이들이 이것저것 시도해 보다가 자신에게 맞는 일을 만나게 될 수 있다. 그 일이 바로 신이 준 아이의 잠재 능력이고 아이의 가슴을 뛰게 하는 일이다. 이것이 제대로 된 진로 교육임을 잊어서는 안 된다.

5. 결정적 시기보다 민감한 시기를 더 중요하게 생각하라

아이들에게는 어떤 시기에는 그것을 해야 한다는 결정적 시기가 존재한다. 많은 부모들이 결정적 시기에 초점을 맞추는 경향이 있다. 그런데 그보다 더 중요한 시기가 있다. 어떤 것에 몰입하는 민감한 시기가 그것이다. 어느 시기에는 소꿉놀이를 유난히 좋아하고, 어느 시기에는 블록 쌓기에 관심이 많고, 어느 시기에는 텔레비전 보기, 어느 시기에는 책 읽기에 관심이 많은 아이를 보게 될 것이다. 이렇게 관심을 쏟는 시기가 바로 그 분야에 민감한 시기이다.

아이의 민감한 시기는 양육을 담당하는 가장 가까운 부모가 가까이에서 관찰을 통해 알 수 있다. 그래서 부모는 가르치는 사람이 아니라 관찰하는 사람이 되어야 한다. 아이가 특정 부분에 민감한 시기가 되면 그 부분에 풍성한 환경을 만들어 주고 더 많은 정보들을 제공하며 지원해 주는 것이 부모의 할 일이라 할 수 있다. 아이가 무엇인가에 몰입하는 것은 자신의 삶에 긍정적인 영향을 끼치는 중요한 시기에 놓여 있음을 의미하기 때문이다.

몰입의 즐거움을 느낄 때 인간에게는 세라토닌, 도파민, 엔돌핀, 다이돌핀이라는 신비한 물질들이 생성된다. 그 물질들이 생성되면서 인간은 행복감을 느끼게 되고 머리가 좋아지며 뇌의 용량이 커진다. 어린 시절에 이루어져야 할 중요한 일 중의 하나가 뇌의 용량을 키우는 것이다. 뇌의 용량을 많이 키워 놓아야 인생을 살면서 필요하고 중요한 내용을 마음껏 담을 수 있기 때문이다.

아이들이 무엇인가에 민감하게 몰입해서 하는 일은 시간을 낭비하는 것이 아니라 '뇌에서 정말 중요한 일이 이루어지고 있다.'고 말하는 것임을 명심해야 한다.

6. 복수심을 키우는 원수 되는 대화를 하지 말고 관계를 좋게 하는 다가가는 대화를 하라

워싱턴 대학 심리학과 명예교수인 존 가트맨 박사는 대화의 종류를 3가지로 나누었다. 원수 되는 대화, 멀어지는 대화, 다가가는 대화가 그것이다.

원수 되는 대화는 부모들이 '너 잘되라.'는 명목으로 쏟아붓는 수많은 잔소리들과 상대의 말에 즉각적으로 반박하거나 비웃는 비난, 방어, 경멸, 담쌓기의 대화이다. 이런 대화는 들을수록 무시당하는 기분, 슬픔, 분노 등을 느껴 스트레스가 높아지는 대화라고 할 수 있다.

멀어지는 대화는 눈을 맞추지 않고 소리만 듣고 하는 대화, 화제를 돌리고, 엉뚱한 소리를 하거나 대꾸하지 않는 것이다. 무시당하는 기분, 외로운 기분을 느끼게 해서 부정적인 감정이 치솟는 대화이다.

다가가는 대화는 경청, 공감, 수용, 이해, 제안 등 상대의 말에 관심을 보이며 적극적으로 반응하고 다가감으로써 마음을 열게 하고 관계를 좋게 하는 대화이다.

어려서부터 원수 되는 대화, 멀어지는 대화를 많이 듣고 자란 아이들은 원수 갚을 생각을 하게 된다. 복수의 칼을 갈면서 기다리다가 깡이나 힘이 좋아지는 시기, 즉 사춘기에 그 칼을 빼어 들며 반란을 일으킨다. 학교에서 늘 싸우거나, PC방에서 시간을 허비하거나, 심지어 가출을 하고 범죄를 저지르는 등의 다양한 문제 행동들은 모두 부모의 속을 태우며 힘들게 하려는 일종의 부모에게 복수를 하는 행위라고 할 수 있다.

모든 아이들이 사춘기에 반란을 일으키는 것은 아니다. 어린 시절 원수 되는 대화, 멀어지는 대화를 아이들의 마음에 얼마나 많이 심어 놓았는지에 따라 칼을 휘두르는 강도가 비례한다. 말 잘 듣고 공부 잘하던 아이가 사춘기에 갑자기 부모를 힘들게 하고, 열 받게 하고 미치게 한다면? 그 아이가 어렸을 때 부모가 그만큼 아이를 힘들고 열 받게 하고, 미치게 한 만큼을 돌려받고 있다고 생각할 수 있다.

7. '파충류의 뇌'가 아닌 '영장류의 뇌, 전두엽'을 활성화시켜라

뇌 과학자인 폴 맥린 박사는 인간의 뇌를 3층 뇌로 나누어 설명한다. 제1의 뇌를 '파충류의 뇌', 제2의 뇌를 '포유류의 뇌', 제3의 뇌를 '영장류의 뇌'로 구분한 것이다.

모든 뇌가 중요하지만 영장류의 뇌에 속해 있는 전두엽은 뇌의 사령관으로 중요한 3가지 기능을 맡고 있다. 학습 능력을 우수하게 해 주며, 인격을 훌륭하게 만들어 주고, 행복감을 느끼게 해 주는 일이 그것이다.

파충류의 뇌, 포유류의 뇌, 영장류의 뇌에 피가 골고루 잘 흐를 때는 문제 될 게 없다. 공부 잘하고, 말도 잘 듣고, 싸우지도 않는다. 그런데 사람이 화가 나서 심장 박동이 빨라지면 피가 파충류의 뇌로 몰린다. 파충류의 뇌에 피가 다 몰려 있으니 제일 중요한 영장류의 뇌, 전두엽은 피가 없어 제 기능을 하지 못한다. 그 여파로 기억력, 집중력, 이해력, 판단력, 사고력이 모두 저하된다. 결국 자율 신경계와 호르몬 체계가 망가지면서 아이는 파충류의 상태가 되는 것이다. 이때 동물적인 반응이 바로 나오며 공격적으로 변한다.

이것이 화난 아이들의 모습이다. 그러니 아이들의 마음을 안정되게 해야 한다. 어른들도 아이들도 상처를 주는 원수 되는 말, 멀어지는 말을 들을 때, 잔소리를 들을 때, 하고 싶은 것을 못 할 때, 하기 싫은 것을 억지로 해야 할 때 화가 난다. 그 결과 심장 박동이 빨라져 파충류의 뇌로 피가 몰리면서 동물과 같은 반응을 보이는 아이가 되어 버리는 것이다.

그래서 아이들을 키우며 가장 관심을 가져야 할 것은 학습, 인성, 행복을 담당하는 전두엽을 활성화시키는 것이다. 아이들에게 어떤 교육을 시키고, 누구에게 교육을 맡기느냐보다 더 중요한 것은 부모의 말과 행동이 우리 아이의 전두엽을 활성화하는지, 파충류의 뇌를 활성화하는지를 인지하는 일이다.

8. 공부 잘하는 재능보다 친구 사귀는 재능을 길러 주어라

저학년 때 가장 중요하게 다루어져야 할 일 중 하나가 사회 적응 능력과 인간관계를 넓히는 능력을 키우는 것이다. 어른들도 무엇인가 새롭게 시작할 때는 새로운 것에 대한 설렘과 기대감도 있지만 그에 못지않은 두려움을 경험하곤 한다. 아이들에게는 그 두려움이 더 크게 느껴질 것이다. 새로운 환경과 새로운 사람을 만나는 것에 대한 두려움이 먼저 해결되어야 학습에 대한 두려움도 사라진다.

처음 학교에 입학한 1학년 아이들에게 부모들이 관심을 가져야 하는 부분은 공부를 얼마나 잘하는지가 아니다. 학교에 얼마나 잘 적응하는지, 친구들과 잘 어울리는지 주의 깊게 관찰하며 도와주는 것이 가장 중요한 일임을 명심해야 한다.

9. 집어넣어 주는 티칭(가르치기)이 아니라 끌어내는 코칭(질문)이 필요하다

티칭(teaching)은 부모가 알고 있는 사실을 자녀에게 가르쳐 주는 것이다. 2차, 3차 산업혁명 시대에는 티칭으로도 아이들의 교육이 무난히 이루어질 수 있었다.

그런데 지금은 어떤 시대인가? 누가 더 특이하고 새로운 것을 개발하는지가 중요한 관심사가 된 지 오래이다. 이른바 4차 산업혁명 시대인 것이다.

새로운 것을 만들어 내려면 어떻게 해야 할까? 가르쳐서 집어넣어 주는 티칭이 아닌 아이들이 가지고 있는 것을 끌어내어 주는 코칭(coaching)이 필요하다. 우리나라에 코칭이 부각되기 시작한 것은 2002년 이후이다. 2002년 월드컵 4강 신화 하면 제일 먼저 떠오르는 인물이 히딩크 감독이다. 히딩크 감독은 선수들에게 가르치는 것보다 늘 더 많은 질문을 했다고 한다. 물론 답을 찾아낸 선수에게는 칭찬도 잊지 않았다. 선수들의 잘못을 지적하기보다는 선수들 각자가 그 경기에서 잘한 점을 찾아 인정해 주었다. 히딩크 감독은 잘하는 것을 더 잘하게 해 주면서 선수들이 가진 잠재 능력을 끌어내려는 시도를 멈추지 않았다고 한다. 그런 지도 방법으로 당시 선수들은 세계적인 선수로 성장했고, 우리에게 4강 신화의 기쁨을 안겨 줄 수 있었다.

아이에게 질문을 하고, 아이가 스스로 생각하여 선택할 수 있는 기회를 주고 그 선택에 대한 지지적 피드백인 인정, 존중, 격려, 칭찬 등을 해 주는 것이 중요하다. 늘 좋은 질문을 통하여 스스로 결정하게 하는 것이 코칭의 가장 기본이기 때문이다. 아이의 선택권을 무시한 채 부모가 원하는 방법으로 강요하는 티칭을 하게 되면 아이의 잠재 능력을 발휘할 수 있는 기회를 없애 큰 문제가 될 수 있음을 기억해야 한다.

10. 물질의 금수저보다 정서의 금수저로 키워라

진짜 '성공'이란 무엇일까? 「월 스트리트 저널(Wall street Journal)」에서 한 연구 팀이 '미국인의 꿈(American Dream)'이라는 이름으로 미국인의 성공관에 대해서 조사를 실시했었다. 당신은 언제 성공했다고 생각하느냐는 질문에 다음과 같은 결과가 나왔다고 한다.

'미국인의 꿈'이라는 조사 결과 (1,654명) - Wall Street Journal

8위: 명성을 얻는 것

7위: 부자가 되는 것

6위: 권력 또는 영향력을 갖는 것

5위: 자기 분야에서 최고가 되는 것

4위: 자신을 존경하는 친구를 갖는 것

3위: 행복한 인간관계

2위: 행복한 결혼

1위: 존경받는 부모가 되는 것

우리가 마음속으로 1, 2, 3위로 떠올리는 '권력을 갖는 것, 부자가 되는 것, 명성을 얻는 것'이 6, 7, 8위이다. 그리고 5위가 '자기 분야에서 최고가 되는 것'이다. 5위부터 8위의 항목들은 '성취'라고 볼 수 있는 내용들이다. 반면 4위부터 1위까지의 공통점은 '관계'에 주목하고 있음을 확인할 수 있다. 성취를 통해서 얻을 수 있는 행복보다 관계를 통해서 얻을 수 있는 행복이 훨씬 크다는 것을 보여 주는 설문 결과라 할 수 있다.

돈·지위·명예 등 물질적으로 아무리 많은 것을 성취했을지라도 정서적인 면의 관계에 성공하지 못하면 행복 지수가 매우 낮아진다고 한다. 아이들에게 중요한 것은 물질적인 금수저가 아니라 정서적 관계의 금수저이다.

11. 최고의 선물은 비싼 장난감이 아니라 놀이이다

인간은 삶의 시기에 따라 4가지에 몰입한다고 한다. 어린 시절에는 놀이에 몰입하고, 청년 시절에는 사랑에, 장년이 되면 일에, 노년에는 종족 보존의 본능으로 손자 손녀에게 사랑을 쏟는다는 것이다.

아이들은 놀이를 통해서 의사소통 능력을 키우고, 창의적인 생각을 키우고, 성취감을 맛보며, 친구들과 어울려 사회성을 기르고, 학습 능력을 키운다. 그러면서 행복감을 느낀다.

그러나 우리 아이들은 놀아야 할 시기에 놀지 못해서, 놀 기회가 주어져도 놀지 못할 때가 많다. 요즘 아이들은 함께 있어도 어울려 노는 것을 어려워한다. 같이 놀아 본 적이 없기 때문이다.

아이들은 보통 친구들과 같이 놀면서 관계를 맺는 방법을 알게 되고, 관계도 넓혀 간다. 좋은 장난감이나 놀이 기구를 사 주는 것보다 더 중요한 것은 또래 친구들과 같이 노는 시간을 갖게 해 주는 것이다. 뜻이 맞는 또래 부모들끼리 모여 아이들이 어울려 놀 기회를 만들어 주는 것이 도움이 될 것이다. 어쩌면 그것이 가장 좋은 교육 방법일지도 모른다.

12. 입 다무는 조용한 아이가 아니라 생각을 말하는 떠드는 아이로 키워라

이스라엘 부모들이 아이들에게 가장 자주 하는 말은 '마타호쉐프'이다. 이스라엘 아이들이 엄마 배 속에서부터 귀에 못이 박히도록 듣게 되는 '마타호쉐프'는 무슨 뜻일까? 바로 '네 생각은 뭐야?'라는 뜻이다. 이런 질문을 반복하는 부모들 때문에 아이들은 엄마 배 속에 있을 때부터 전두엽을 계속 사용할 수밖에 없다. 이스라엘의 질문이 있는 교육을 '하브루타'라고 한다. 이 하브루타는 코치형 부모가 되어야 가능한 교육이기도 하다.

이스라엘 사람들은 저녁 식사 시간을 매우 중요하게 생각한다. 식사 시간은 기본이 두 시간인데 이스라엘 부모들은 이 시간 동안 아이들과 '마타호쉐프'라는 말을 사용하며 이야기를 나누고 식사를 한다.

이스라엘은 아이들이 잘하는 것을 더 잘하게 하는 진로 교육에 힘쓰는 나라이다. 노벨상의 40퍼센트를 가져가고 세계를 좌지우지하는 유태인의 비밀이 바로 식탁에서의 수많은 대화 속에 숨어 있다.

자, 이제 우리나라의 저녁 식탁을 떠올려 보자. 가족이 다 모여서 먹는 경우가 드물다. 또 얼른, 빨리 먹으라고 아이들을 다그치기 바쁘다. 그러니 가장 소중한 가족과 눈 마주치며 대화하는 시간, 관계를 쌓아 가는 시간에는 소홀할 수밖에 없다. 게다가 아이들에게 늘 "조용히 해, 입 다물어, 말하지 마."라는 잔소리를 많이 하는 편이 아닌가. 일상생활 속에서 늘 대화를 하면서 서로의 생각을 나누어 본 경험이 없는 사람은 대화하는 것을 귀찮아한다. 내 생각을 전달하는 것도 어렵고 상대방의 이야기를 듣는 것도 귀찮은 일로 인식한다. 이것이 요즘 아이들이 친구와 한 공간에 있어도 같이 어울리지 않고 휴대폰과 게임기를 가지고 각자 노는 것을 좋아하는 이유이다.

이런 아이들이 크면 어떻게 될까? 부디 우리 아이들을 입 다무는 조용한 아이가 아니라 입 열어 자기의 생각을 자신 있게 말할 수 있는 떠드는 아이로 키워야 한다.

2교시

학교를 신나는 곳으로
느끼게 하자

한상희
입니다.

교사이면서 두 아이를 키운 엄마로서 겪은 시행착오가 학교에서 아이들을 가르치는 데 많은 도움이
되었답니다. 제 아이가 잘 자라기를 바라는 엄마의 마음으로 '학교 엄마'가 되어 아이들을 만나고 있어
요. 두 아이를 키우고 학생들을 가르치면서 독서 교육의 중요성을 깨닫고 '책 읽어 주는 엄마, 책 읽어
주는 선생님'으로 살아 있는 독서 교육을 실천하고 있습니다.

초등 입학 준비하기

1. 엄마, 학교는 유치원과 뭐가 달라?

해마다 12월 무렵이면 유치원 졸업반 아이들이 초등학교를 찾아와 둘러보곤 한다. 유치원 교육과정에 초등학교와 유치원의 같은 점과 다른 점을 알아보는 것이 포함되어 있기 때문이다. 학교를 방문한 아이들은 호기심에 가득차 있다. 유치원보다 훨씬 큰 학교 건물을 보고 놀라기도 한다.

"우아, 학교는 엄청 크다."

"교실도 많고 식당도 크네."

"공부하는 언니 오빠들도 무척 많고 선생님들도 많아."

자기들끼리 소곤거리는데, 목소리에서 긴장감이 느껴진다. 복도를 오고 가는 학생들, 분주해 보이는 선생님도 낯설다. 아이들의 호기심은 차츰 두려움으로 바뀌는 듯하다. 복도를 지나다니는 형, 누나들과 부딪힐까 봐 겁나고 운동장에서 공을 뻥뻥 차는 형들도 왠지 위협적으로 느껴지는 모양이다.

그렇게 학교를 다녀온 아이들은 학교에 대해 두려움을 가질 수도 있다. 그래서 조심스럽게 엄마에게 묻는다.

"엄마, 학교는 유치원하고 뭐가 달라?"

엄마는 아이의 마음을 헤아리지 못하고 찬물을 끼얹는다.

"음……, 뭐가 다르냐면, 학교에는 무서운 선생님이 계셔서 말을 안 들으면 혼나지. 벌도 서고. 수업 시간과 쉬는 시간이 정해져 있는데 수업 시간에 딴짓하거나 맘대로 돌아다니다간 더 크게 혼나지. 받아쓰기 시험도 봐야 하고, 일기도 매일 써야 하고, 급식 시간에 음식을 남겨도 안 되고. 그러니까 얌전하게 선생님 말씀을 잘 들어야 해."

아이가 학교에 가졌던 기대감과 호기심은 저 멀리 날아갔다. 엄마는 아이가 학교에 가서 의젓하게 굴기를 바라는 마음으로 조금 과장되게 말한 거지만, 학교의 부정적인 면만을 부각시켜 아이에게 두려움을 심어 준 것이다.

유치원을 졸업하고 초등학교 입학을 앞둔 아이들은 학교라는 낯선 환경과 선생님, 친구들을 새로 사귀어야 한다는 부담감과 불안감을 안고 있다. 그런데 엄마가 학교의 부정적인 측면만을 강조하게 되면 아이는 방어적 자세를 취하면서 학교를 공포와 두려움의 대상으로 받아들인다. 결국 초등학생이 된다는 설렘과 기대감을 한순간에 무너뜨리게 되는 것이다.

아이가 학교생활에 잘 적응하고 그 누구보다도 행복하게 생활하기를 바란다면 가장 먼저 학교의 즐거움과 재미에 대해 말해 주어야 한다.

아이와 함께 과장되지 않게 구체적으로 유치원과 초등학교가 어떻게 다른지 함께 이야기해 보자.

이야기 나누기 유치원과 학교는 무엇이 다를까요?

유치원과 초등학교는 무엇이 다르고 무엇이 같을까요? 다음의 그림을 보고 아이와 함께 이야기를 나눠 보세요.

유치원	초등학교

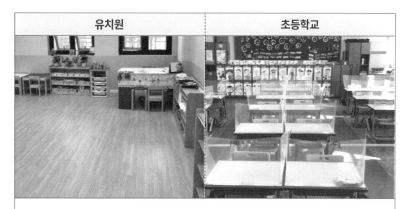

이야기 팁 유치원 교실과 초등학교 교실의 환경은 달라요. 유치원은 바닥에 앉아서 활동하기 편하도록 온돌방으로 된 곳이 많아요. 초등학교는 모두가 의자에 앉아서 개인 책상에서 수업을 듣고 생활하지요.

이야기 팁 유치원은 여러 놀이와 활동을 통해서 배우는 것이 많아요. 초등학교부터는 교과서를 기본으로 공부를 해요.

2. 1학년 아이들에게 가장 중요한 과제는 신나게 학교 다니기!

1학년 아이들에게 가장 중요한 과제는 신나게 학교 다니기이다. 유치원에 비해 교실이 예쁘지도 않고 간식도 주지 않는 학교가 아이들에게는 낯설기 마련이다.

학교에 입학하기도 전에 부정적인 이야기를 많이 들은 아이는 겁을 먹어서 자신감이 없거나 도전 정신이 약해질 수 있다. 선생님의 권유와 제안에도 쉽게 포기할 수 있다. 그러니 아이에게 학교의 즐거움과 긍정적인 면을 의도적으로 강조해서 이야기해야 한다. 그래야 아이가 자신감을 가지고 학교로 갈 수 있다. 아이가 웃으면서 학교를 다니도록 살펴 주자.

새로운 환경에 대한 두려움으로 가득한 아이에게 마음의 위안을 심어 주어야 한다.

학교는 절대로 무서운 곳이 아니라 재미있는 곳, 신나는 곳이라는 것을 부모의 초등학교 학창 시절을 곁들여서 들려주면 어떨까? 이때 학교 수업 시간과 쉬는 시간의 구분, 학교 곳곳의 다양한 교실에 대해서도 안내해 주면 더 좋다.

도서실, 컴퓨터실, 음악실, 미술실, 실습실, 체육관, 보건실, 상담실 등을 설명해 주면서 각 교실에서 어떤 수업과 활동이 이루어지고, 유치원과는 어떻게 다른지 이야기해 주면 아이들은 분명 호기심을 갖게 되고 학교에 대한 기대감을 가질 것이다. 그런 다음 책가방 싸기, 등교 준비 등 학교생활을 안정적으로 할 수 있도록 준비시키면 좋다.

⁂ 1학년이 될 아이들에게 다음과 같은 이야기를 해 주자 ⁂

친구랑 선생님이 있잖아.

> 새로 만나는 친구들은 너의 학교생활을 즐겁고 재미있게 해 줄 거야. 학교 선생님은 네가 학교생활에 잘 적응할 수 있도록 도와주는 학교 엄마와도 같아. 친구랑 선생님은 네가 힘들 때 언제라도 도움을 청할 수 있는 이들이란다. 학교에 가면 넌 혼자가 아니야. 뭐든지 친구랑 선생님이랑 같이 할 수 있으니까.

학교는 신나는 곳이야.

> 친구들과 친해지고, 학교생활이 익숙해질 무렵이면 현장 학습도 가고, 소풍도 가게 될 거야. 그때는 학교를 벗어나서 자연을 벗 삼아 즐거운 체험을 할 수 있어. 또 날씨가 좋은 가을날에는 운동회도 하지. 운동회 날은 엄마 아빠와 함께 달리기도 하고, 재밌는 게임과 놀이를 하면서 신나게 놀면 돼. 이외에도 유치원에서 경험하지 못했던 다양한 활동이 널 기다리고 있는 곳이 학교야.

더 나아가 아이와 함께 학교를 미리 방문해 보는 것도 아이에게는 많은 도움이 된다.

아이와 함께 손을 잡고 학교를 미리 탐방하면서 학교 주변의 환경에 대해서 이야기를 나눠 보면 어떨까?

학교 주변 200미터 이내는 학교 보건법상 학교 환경 위생 정화 구역으로 지정되어 유해 환경들에 대한 단속을 강화하고 있다. 하지만 실제로 유해 환경으로부터 완전히 자유로운 학교는 드물다. 학교 주변이 안전하게 정리되었다면 다행이지만, 그렇지 않다면 유해한 환경에 대처하는 법, 길거리 음식에 대한 이야기, 쌩쌩 지나치는 골목길의 오토바이나 자전거 등으로부터 안전하게 자신을 지키는 법 등에 대해서 이야기를 나누면 좋다. 자연스럽게 운동장에서 놀이 기구를 타고, 철봉에도 매달려 보면서 학교가 놀이터와 같은 즐거움이 있는 곳임을 알게 하자. 학교 운동장을 뛰어 보면서 운동장의 넓이도 체득해 보면 좋을 것이다.

3. 규칙적인 생활 연습하기

학교는 유치원과 다르게 일과를 일찍 시작한다. 수업과 쉬는 시간 간의 시종 시간도 정해져 있고, 9시 즈음이면 일과도 시작이다. 그래서 아이들에게는 입학 2~3개월 전부터 규칙적인 생활 습관에 적응할 수 있는 시간이 필요하다.

⋛ 먼저, 기상 시간과 취침 시간을 정하자 ⋚

아침에 일어나서 식사하고 씻고 준비하는 시간을 감안하여 기상 시간을 정해야 한다. 너무 늦지 않게 정해진 시간에 일어나는 습관을 기르는 일이 중요하다. 기상 시간을 지키려면 취침 시간도 규칙적으로 정해서 아이의 생체 리듬이 규칙적으로 몸에 배도록 하자.

초등학생의 적정 수면 시간은 개인차가 있겠지만, 대략 9~11시간이 적절하다. 아이가 피로감을 느끼지 않고 하루의 일과를 수행하는 데 무난한 정도의 취침 시간이다. 학년에 따라 다르겠지만, 입학 무렵은 10시간 이상의 취침 시간을 확보해 주는 것이 좋다. 그런데 밤늦도록 엄마 아빠가 텔레비전을 보면서 아이에게만 일찍 자라고 하는 것은 그다지 효과가 없다. 충분한 수면 시간을 확보해 주고, 아침에 일찍 일어나게 하려면 아이와 함께 하려는 부모의 노력이 필요하다.

잠자리에 들기 전에 스스로 잠옷을 갈아입고 씻는 것도 혼자 힘으로 할 수 있도록 격려해 주면 좋다. 밤 10시쯤 취침 시간이 되면 조명도 낮추고 텔레비전을 끄고 소음도 줄여 준다.

정해진 시간에 자고 정해진 시간에 일어나는 습관은 최소 2~3개월 전부터 꾸준히 실천해 주어야 익숙해질 수 있다.

⸙ 아침에도 아이가 스스로 준비할 수 있도록 하자 ⸙

아침에 정해진 시간에 일어난다고 해도 모든 아이들이 엄마의 마음처럼 민첩하게 움직이지는 않는다. 눈을 떴지만 이불 밖으로 나오기가 힘든 아이도 있고, 행동이 굼떠서 씻는 데에도 밥을 먹는 데에도 오래 걸리는 아이가 있다. 게다가 주의력이 산만한 아이들은 라디오 소리에 혹은 텔레비전 화면에 정신이 팔려서 더 굼뜨게 행동하는 경우가 많다. 그러니 아침에는 자기가 해야 할 일에 집중할 수 있는 주위 환경을 만들어 줘야 한다.

아침에 일어나서 씻고, 밥 먹고, 옷 갈아입기까지 혼자 힘으로 해야 할 일을 순서대로 알려 주고 스스로 해낼 수 있도록 수시로 주의를 환기시켜 주어야 한다.

⟩ 작은 것부터 혼자 힘으로 하기 ⟨

초등 1학년을 오랫동안 담임하면서 아이들에게 가장 아쉬웠던 부분, 유치원에서 이것만큼은 배우고 익혔으면 하는 것을 한 가지 꼽으라면 '혼자 옷을 입고 단추를 채우는 것'이다.

실제로 1학년 아이들은 손의 힘이 약해서 옷 단추를 스스로 채우지 못한 채 쩔쩔매는 경우가 많다. 보통 입학 초 3월이면 꽃샘추위가 기승을 부리는 시기라 아이들은 두꺼운 외투를 입고 등교한다. 겉옷을 벗고 활동하다가 집에 갈 무렵이면 자기 옷이 어떤 옷인지 못 찾는 경우도 많고 지퍼 올리기도 단추 채우기도 힘들어 한다. 여기저기서 "선생님! 선생님!" 하며 간절하게 도움을 청하지만, 선생님 혼자 많은 아이들의 옷매무새를 가다듬어 주는 건 그리 간단한 일이 아니다.

또 대개의 학교는 2교시를 마치고 우유 급식을 하는데, 손의 힘이 약하다 보니 우유 팩을 혼자 벌리지 못하고 힘들어 하거나 우유를 흘리는 아이가 많다. 쉬는 시간 화장실을 다녀오면 아이들의 옷매무새도 흐트러진다. 바지는 엉성하게 올려 셔츠는 삐져나오고, 심지어 바지의 지퍼를 제대로 못 올리고 단추를 채우지 못한 경우도 의외로 많다. 그래서 초등학교 입학을 앞둔 아이들에게 당부하고 싶은 것은 신변 처리를 스스로의 힘으로 하는 연습을 하라는 것이다.

7살 하반기부터 스스로 옷 입기, 단추 채우기, 지퍼 올리기, 단정한 옷매무새, 자기 옷 구별하기 등에 대해서 이야기하고 스스로 처리하는 연습을 충분히 한다면 주체적인 학교생활을 하는데 도움이 될 것이다.

우리 아이의 '스스로 잘해요' 지수를 체크해 볼까요?

①	혼자서 양치질을 할 수 있나요?	( )
②	스스로 양말을 신을 수 있나요?	( )
③	오른발, 왼발에 맞게 신발을 신을 수 있나요?	( )
④	옷의 앞과 뒤 / 안과 밖을 구별할 수 있나요?	( )
⑤	겉옷을 입고 스스로 지퍼를 올리고 단추를 채울 수 있나요?	( )
⑥	화장실에서 스스로 배변 처리를 할 수 있나요?	( )
⑦	20분 이상 앉아서 경청할 수 있나요?	( )
⑧	컵에 물을 따를 수 있나요?	( )
⑨	편식하지 않고 스스로 밥을 먹을 수 있나요?	( )
⑩	우유 팩을 스스로 열 수 있나요?	( )
⑪	가위로 종이 모양을 오릴 수 있나요?	( )
⑫	오린 모양을 풀칠해서 바르게 붙일 수 있나요?	( )
⑬	부모님의 전화번호를 알고 있나요?	( )
⑭	내가 사는 집의 주소를 알고 있나요?	( )
⑮	일찍 자고 일찍 일어날 수 있나요?	( )

😆12개 이상→매우 잘함 😊9개 이상→잘함 😐7개 이상→보통 😞6개 이하→노력 필요

입학 초기 학교생활 적응기

1. 선생님은 학교 엄마야

첫 자녀를 학교에 보내는 학부모에게 가장 큰 걱정이 무엇인지 물으면 대부분 담임 선생님이라고 대답한다.

학교 선생님이라는 이미지가 그다지 친절하지 않고 권위적이라는 우리 사회에서의 편견이 일정 부분 작용된 탓이기도 하다. 유치원 선생님은 친절하고 상담도 자세히 해 주는데 초등학교 선생님은 무뚝뚝하고 아이들에게 관심이 없는 것 같다며, 겪어 보지도 않고 으레 1학년 담임 선생님에 대한 두려움을 갖는 학부모들이 있다.

하지만 편견은 오해를 낳고, 오해는 또 의혹을 불러올 수 있다. 내 소중한 자녀의 첫 학교생활을 책임지고 이끌어 주실 분은 누가 뭐래도 처음 만나는 담임 선생님이다. 그러니 초등 1학년 담임 선생님에 대한 편견을 버리고 우리 아이를 학교에서 보살펴 주고 사랑을 베풀어 주는 학교 엄마라는 인식으로 무한 신뢰를 보내 주길 당부하는 바이다.

물론 선생님은 전지전능한 신이 아니기 때문에 한 반의 모든 아이들의 불편함을 일일이 헤아리기엔 한계가 있다는 점도 감안해야 한다.

그렇다면 학교에서 문제가 생겼을 때 어떻게 해야 할까?

선생님께 정중하게 도움을 청하는 것이 최선의 방법이다. 선생님이 먼저 연락을 주시겠지 하며 기다리지 말고, 선생님께 연락을 드려 정중하게 도움을 구한다. 어떤 문제가 있는지, 선생님이 어떻게 도와주면 좋겠는지 함께 의논하고 방법을 찾는 것이다.

물론 각급 학교는 별도의 상담 기간이 정해져 있다. 하지만 사안이 급할 경우에는 상담 기간을 기다릴 것이 아니라 사전에 미리 연락을 해서 상담을 잡아도 된다.

아이가 학교생활을 잘할 수 있도록 선생님께 도움을 청할 때는 선생님을 향한 믿음과 신뢰가 필수이다.

학교에서는 우리 아이의 선생님이 우리 아이의 엄마다. 우리 아이가 학교에서 제일 의지하고 기댈 수 있는 사람은 바로 우리 담임 선생님이다. 엄마가 담임 선생님을 공경하고, 존중해 줘야 아이들도 선생님을 공경하며 믿고 의지하게 된다. 선생님이 다소 실수하고 소홀한 부분이 있더라도 아이들 앞에선 존중의 마음을 보여 주길 당부한다.

엄마와 아이가 같은 마음으로 우리 선생님께 응원과 지지의 마음을 보내준다면 담임 선생님도 우리 아이들을 사랑의 마음으로 지도하고 보살펴 줄 것이다.

> 담임 선생님께 전화를 하거나 문자를 보내기가 어려운 경우에는 메모지를 적극
> 활용하자. 아이의 등굣길에 선생님께 간단한 메모를 남겨서 도움을 구하거나 간
> 단한 알림을 부탁드리면 좋다. 조퇴를 해야 하는 경우이거나, 점심 식사 후 약을
> 복용해야 하는 경우이거나 선생님께 도움을 받고 싶을 때는 메모를 해서 정중하
> 게 부탁드린다면 담임 선생님께서도 기꺼이 부탁을 들어줄 것이다.

2. 너와 나는 서로 달라

"학교에서 새로운 친구들을 사귀고 잘 지낼 수 있을지 걱정이에요."

"왕따, 따돌림 얘기만 나오면 마음이 덜컥 내려앉아요."

"누가 우리 아이를 괴롭히지나 않는지 걱정이에요."

"아이가 친구들과 잘 어울리지 못하면 어떡해요."

아이를 학교에 보낸 부모의 걱정이다. 아이뿐 아니라 새롭고 낯선 분위기 속에서 새로운 사람들을 만나는 건 어른에게도 스트레스가 될 수 있다.

학교에 입학을 하면서 아이는 새로운 사람과의 관계 속에서 다른 사람과 소통하는 능력을 키우게 된다. 아직은 자기중심적인 사고가 강한 아이지만 학교에서 더 넓은 세상과 다양한 사람을 만나면서 나와 다른 존재인 남을 이해하고 배려하는 법을 알게 될 것이다. 사회성이란 다른 사람과 조화로운 관계를 맺고 서로 마음을 나누는 힘이다.

이미 어린이집이나 유치원과 같은 집단생활을 통해 엄마는 내 아이가 또래 속에서 어떻게 관계를 맺고 행동하는지 대략 눈치는 채고 있다. 조용하고

내성적인 아이라면 학교에 가서도 친구들 기에 주눅 들고 존재감 없는 아이가 되지 않을까 걱정될 것이다. 욕심 많고 고집이 센 아이의 엄마는 학교에서도 자기주장만 하고 무엇이든 이기려고 해 혹시 미움이라도 받지 않을까 염려한다. 산만하고 장난이 심한 아이는 수업 시간에 수업을 방해하진 않을까, 그러다 아이들에게 따돌림을 당하진 않을까 하는 고민을 하게 될 것이다. 심지어 다른 아이들을 때리거나 괴롭히는 골칫덩어리가 되지는 않나 지레 겁먹는 엄마도 있다. 엄마들이 아이의 교우 관계를 걱정하는 이유는, 사회생활의 대부분은 사람들과의 관계 맺기에서 비롯되기 때문이다. 실제로 학교에서 첫 상담을 해 보면 아이들의 교우 관계와 학교생활 적응도에서 고민을 토로하는 엄마들이 의외로 많다.

엄마들은 학교라는 울타리에서 아이들이 규범을 익히고, 공중도덕을 배우며 타인과 관계를 맺으면서 내 아이의 대인 관계가 원만하고, 염려되는 문제 행동이 개선되기를 기대한다. 그런데 아이들의 성향과 문제 행동이 그리 쉽게 좋아지지는 않는다는 것이 문제다.

아이들은 학교에서 여러 성향의 아이들과 생활하고 관계를 맺으며 대인 관계를 배운다. 서로 간의 약속을 지키려고 노력하며, 공동의 목표를 위해 자신을 양보하고 서로 협력하는 법을 터득한다. 공중도덕, 질서, 규범 등을 지키면서 학교생활에 적응하고 친구와 원만하게 관계를 맺으며 생활해 나간다.

문제는 이러한 일련의 과정 속에서 수많은 시행착오를 겪는다는 점이다. 시행착오를 겪다 보면 상처도 받고 예기치 않은 일이 생기기 마련인데, 누구나 겪는 이러한 크고 작은 시행착오에 일희일비하면서 수시로 갈팡질팡하는 엄마들을 볼 때면 걱정이 되곤 한다. 이런 엄마들이 기억해야 할 것은 아이들은 새로운 환경에 적응하고 수많은 시행착오를 극복해 나가는 과정을 통해 조금씩 성장한다는 사실이다.

먼저, 너와 나는 서로 다름을 인정하고, 서로 다름 속에서 어떻게 관계 맺기를 할 수 있을까 생각해 보게 하자.

> 친구와 너는 얼굴도 다르고 이름도 달라. 그래서 생각하는 것도 다를 수밖에 없지. 그게 당연한 거야. 나와 다르다고 해서 다른 사람이 틀린 것은 아니란다. 내가 좋아하는 색깔과 친구가 좋아하는 색깔이 서로 다르듯이, 내가 좋아하는 놀이와 친구가 좋아하는 놀이도 다르단다. 그래서 내가 하고 싶은 놀이만 하자고 고집부리는 것은 친구의 마음을 헤아리지 않는 거야.

친구와 의견이 맞지 않아 종종 다툼이 생길 때 친구와 나는 서로 다를 수밖에 없음을 인정하게 하고, 서로 다름으로 인해서 다툼이 있을 때는 상대를 존중해 주고 양보해야 함에 대해서 기회가 닿을 때마다 이야기해 주자.

tip) 우리 아이 친구 사귀기, 부모의 역할은 어디까지?

> 학교생활의 주인공은 엄마가 아니라 아이이다. 아이가 학교생활 하면서 처음 사귀는 친구의 이름을 기억하고 아이가 들려주는 이야기를 귀 기울여 들어주는 것이 부모의 역할이다. 친구와 어떻게 놀았는지 이야기할 때 적극적으로 반응을 해 주면서 아이의 이야기에 귀 기울여 주자!

3. 학교생활 규범 지키기

아이가 학교에 입학하게 되면 유치원과는 다른 환경에서 새롭게 적응해 나가며 교과와 생활 예절을 배우게 된다. 초등학교 교육은 학생의 일상생활과 학습에 필요한 기본 습관 및 기초 능력을 기르고 바른 인성을 함양하는 데 중점을 둔다. 그런 면에서 입학 초기 아이들에게는 공부보다는 학교생활 적응을 위한 기본 생활 규범을 익히는 것을 더 중요하게 생각해야 한다.

입학식 당일부터 아이들은 차례를 지켜서 줄을 서고, 입학식 행사 중에는 떠들지 않고, 행사가 진행되는 동안 자리에 앉아 선생님 말씀을 경청하는 등 초등학교 생활 첫날부터 규범 익히기를 터득하고 배워 나간다. 첫날부터 아이들에게 줄을 서고, 뛰지 않으며 차례를 지키는 등의 규범을 강조하는 것은 이것이 아이들의 안전한 생활과도 직결되기 때문이다. 아이들의 학교생활을 지도하다 보면 학교 곳곳에서 일어나는 안전사고와 맞닥뜨리게 된다. 어린이 안전사고는 대부분 규범을 지키지 않아서 발생하는데 아주 사소한 실수에서 비롯되는 경우가 많다. 이는 기본적인 생활 규범을 지키는 것만으로도 어느 정도 예방이 가능하다.

따라서 초등학교 1학년 부모가 가장 신경 써야 할 최대 과제는 이런 사회적인 규칙에 아이가 잘 적응할 수 있도록 돕는 것이다. 공부 역시 학교가 정해 놓은 규칙이기 때문에 규칙을 잘 지키고 적응을 잘하는 아이가 공부도 잘할 수 있다.

학교에서의 규칙 지키기는 '반드시 지켜야 되는 것'이기 때문에 아이가 제대로 적응하고 잘 지킬 수 있도록 본격적인 훈련과 실습이 필요하다. 적응이란 하기 싫은 일도 참고 해내려는 노력에서 시작된다. 이 과정에서 아이들이 통제와 압박감에 간혹 문제 행동을 보일 수도 있다. 그럴 때 부모는 아이의 마음을 이해하고 긴장하지 않도록 배려하여 아이들로 하여금 규칙을 지켜야 한다는 당위성을 깨닫게 해야 한다.

생각해 보면 초등학교 1학년의 학교생활은 규칙 지키기의 연속이라 할 수 있다. 수업 시간에 맞춰 자리에 앉아 있기, 쉬는 시간 줄 서서 복도 통행하기, 수업 시간에 알맞은 교과서 꺼내 놓기, 급식 시간에 차례 지켜 줄 서기, 친구에게 양보하기, 선생님 말씀 잘 듣기, 교실 이동할 때도 차례로 줄 서기 등.

행동이 굼뜬 아이는 그 아이대로 스트레스를 받고, 행동이 빠르고 성격이 급한 아이는 그 아이대로 미처 준비되지 않은 아이들이 준비할 때까지 기다리느라 스트레스를 받는다. 따라서 교사나 부모는 아이들이 규칙을 자연스럽고 재미있게 받아들일 수 있도록 게임이나 칭찬을 적절히 활용하여 규칙이 내면화될 수 있도록 도움을 주어야 한다.

그렇다면 학교생활에서 지켜야 하는 규범에는 어떤 것이 있을까?

- 수업 시간과 쉬는 시간을 구분하기
- 수업 시간에 제자리에 앉아 있기
- 화장실이나 급식실에서 줄을 서서 차례 지키기
- 남의 학용품을 함부로 사용하지 않기
- 복도 통행 시 뛰지 않기
- 우측 통행하기
- 고운 말 바른 말 사용하기

- 한 줄 서기 할 때 친구들 사이에 끼어들지 않기

- 책상 서랍 및 사물함 정리하기

- 실내화, 실외화 구분해서 신기

tip 우리 아이의 학교생활을 자연스럽게 묻는 방법

학교에서 하루 일과를 마친 아이에게,

"선생님한테 안 혼났어?, 오늘, 뭐 배웠어?"라는 질문은 금물!

"오늘 얼마나 재미있었어?"라고 질문을 바꿔 보라.

학교는 즐거운 곳, 공부는 재미있는 것이라는 생각을 갖게 되면 1학년은 성공이다. 아래와 같은 질문을 자연스럽게 하자.

- 오늘 급식 시간에 함께 밥 먹은 친구는 누구야?

- 오늘 학교에서 배운 것 중에서 무엇이 가장 재미있었어?

- 혹시 학교에서 도움이 필요한 적이 있었니?

- 아니면, 혹시 네 도움을 필요로 하는 친구는 없었니?

- 짝꿍을 선택할 수 있다면 너는 누구랑 앉고 싶어?

- 네가 보기엔 반에서 가장 재미있는 친구는 누구야?

- 넌 쉬는 시간에 주로 누구랑 놀아? (어디서? 어떤 놀이?)

아이의 성향에 따라 다른 적응

1. 소심하고 낯가리는 아이 학교 적응기

3월 초등학교 입학을 앞두고 1월 중순쯤에는 전국의 모든 초등학교에서 신입생 예비 소집을 한다. 신입생 예비 소집일에 교실로 들어서는 아이들의 모습을 살펴보면 대강의 아이 성향을 파악할 수 있다. 그중에는 유난히 엄마 손을 놓지 못하는 아이가 한두 명 꼭 있다. 시선을 엄마에게서 떼지 못한 채 홀로 책상에 앉기를 거부하는 아이, 유난히 낯을 가리는 아이이다. 몇 년 전에 본 저자가 만난 아연(가명)이도 무척 낯가림이 심하고, 분리불안 증세가 심한 아이였다.

아연이는 입학식을 마치고 교실로 들어섰지만, 도통 엄마와 떨어지지 못했다. 며칠 그러다 적응하겠지 했는데 큰 오산이었다. 잠시도 떨어져 있지 못하고, 엄마가 눈 밖에서 사라지는 순간 아무 이유 없이 눈물을 흘리며 울었다. 안아 주고 업어 주며 달래 주어도 속수무책, 엄마만 찾는 아이…… 아이의 학교생활 적응을 위해서 할 수 없이 매일 엄마와 함께 등교를 해야 했고, 복도 뒷문에서 엄마의 존재를 확인해야만 그 아이는 겨우 교실 책상에 앉아 있을 수 있었다. 이렇게 몇 주 도와주면 되겠지 했지만, 그 몇 주가 한 달 두 달 일 년이 걸렸다. 그 후로 아연이는 자기가 언제 그랬냐는 듯 스스로 등교하고, 씩씩하게 학교생활을 잘했다.

초등학교 입학을 앞두고 엄마들이 교우 관계를 걱정하는 가장 큰 이유는 내 아이가 낯가림이 심하거나, 지나치게 소심하여서 또래 친구들과 어울리는 것이 서툴다고 여기기 때문이다. 유치원을 다니며 자신이 아닌 다른 사람에 어느 정도 익숙해져 있긴 하지만, 기질적으로 혹은 정서적으로 낯선 상황이나 사람에게 두려움을 갖는 아이들도 있을 수 있다. 아연이처럼 울거나 심한 거부감으로 낯가림을 할 수도 있고, 대개는 그 상황을 피하거나 모르는 척하는 것으로 불편한 심기를 은근히 드러내는 경우도 많다. 이런 불안정한 정서, 심리는 사회성과 대인 관계 능력을 키우는 데 문제가 될 뿐만 아니라, 입학 초기 학교생활에도 큰 걸림돌이 된다.

아이의 기질이나 정서, 성격은 타고나기도 하지만 영유아기 때 부모와의 애착 관계가 영향을 미친다고 한다. 영유아기 때의 주양육자가 자주 바뀌었거나, 엄마와의 애착이 충분하지 않은 상황에서 분리되는 경우에 아이의 소심한 성격과 낯가리는 성향이 나타날 수 있다.

만3세 무렵까지 부모와의 애착이 잘 형성되어야 한다. 이때가 아이의 감정의 뇌가 성장하고 완성되는 때이기 때문이다. 그렇게 애착이 잘 형성된 아이는 세상 밖으로 첫발을 내딛고 안정적으로 사회성의 기초를 쌓는 데 큰 어려움을 겪지 않는다. 또한 어린이집과 유치원에서의 적응도 순조롭고, 또래 관계를 통해 발달단계에 맞는 사회성 역시 순조롭게 터득할 것이다.

또, 부모와 안정적인 애착이 형성된 아이는 부모 다음으로 만나는 사회 어른인 선생님과도 거부감 없이 순조롭게 관계를 맺으며 잘 적응한다. 선생님과의 관계가 원만해야 학교에서 공부하는 새로운 지식도 거부감 없이 잘 받아들일 가능성이 높다. 이렇듯 영유아기 시절 부모와의 애착 관계는 사회성 발달에 매우 중요하다. 따라서 저자는 소심하고 낯가리는 아이일수록 그 아이에게 개별적으로 특별하게 친근함을 드러낸다. 학교에선 선생님이 엄마처럼 너를 보살펴 주고, 챙겨 줄 수 있다는 믿음을 심어 주기 위해 노력한다. 그러니 학교 선생님을 믿고 아이가 학교 선생님을 엄마처럼 믿고 의지할 수 있도록 선생님께 적극적으로 도움을 청하기 바란다.

물론 영유아기 때 부모와의 애착이 잘 형성되었다 하더라도 아이가 내성적이거나 기질적으로 소심하고 낯가리는 성향을 보이는 경우도 많다. 이런 경우에는 적응하는 데 다소 시간이 걸릴 뿐이다. 한 반에 대여섯 명 정도가 이런 아이들이다. 이렇게 기질적으로 소심하고 낯가리는 아이들은 자기와 비슷한 성향의 친구를 한두 명씩 알고 사귀다 보면 금세 학교생활에 적응해 나간다.

실제로, 저자는 3월 한 달 동안 아이들이 학교생활 적응과 학급 규칙을 익히도록 교실에서 놀이 활동을 많이 한다. 도미노나 블록 등 아이들이 좋아하는 놀잇감을 교실 한가운데 풀어 놓고는 자유롭게 놀게 한다. 이때 많은 아이들이 신나서 놀잇감을 가지고 노는데도 섣불리 놀잇감을 차지하지 못하고 겉도는 아이들이 몇 명 있다. 이때 주변을 겉도는 아이들끼리 함께 짝을 지어 놀 수 있도록 독자적인 자리를 만들어 주면 그 친구들끼리 금세 친해지는 경우를 종종 본다. 서로가 낯을 좀 가리고 소심한 스타일이라 같이 짝을 지어 주면 노는 스타일도 비슷하고, 서로 말을 함부로 하지 않으며 서로를 배려하면서 잘 노는 모습을 볼 수 있다. 이렇듯 놀이를 통하면 좀 더 적응이 쉬워진다.

적당한 환경을 조성하고 기다려 주면 낯가리고 소심한 아이도 자기 나름의 방식으로 비슷한 또래의 친구들을 만나 학교생활에 적응해 나간다. 타인과 관계를 맺고 친분을 쌓을 수 있는 환경을 만들어 주는 것, 이게 학교의 매력이 아닌가 싶다.

2. 활달하고 외향적인 아이 학교 적응기

말수가 적고 낯가림이 심한 아이가 있는가 하면 수다스럽고 활달한 외향적인 아이도 있다. 활달하고 수다스럽고 외향적인 아이는 학교생활 적응이 매우 빠르다. 친구를 사귀는 것도 어렵지 않다. 처음 보는 아이에게 먼저 말을 걸기도 하고, 선생님께 궁금한 점을 스스럼없이 묻기도 한다. 그런 성향 때문에 친구들에게나 선생님께 상대적으로 호감을 산다. 또 수업 시간에도 적극적이어서 발표도 잘하고, 손을 번쩍 들기도 하고, 자기 생각을 잘 표현한다. 또래 사이에서도 주도적인 역할을 하기 때문에 또래에게 인기가 많고, 수업 시간에도 활력을 불어넣는 역할을 해서 선생님께 칭찬을 받는다.

하지만 문제는 이렇게 외향적인 아이들 중에는 장난이 심하거나, 다른 사람의 입장을 잘 헤아리지 못하고 자기 위주로 행동해서 다른 사람에게 피해를 끼치는 아이들이 많다는 것이다. 앞서 이야기한 소심하고 낯가리는 아이는 개인적인 문제여서 다른 사람에게 큰 피해를 주지는 않는다. 대개 외향적이고 장난이 심한 아이들이 다른 아이에게 피해를 끼치고 민원이 발생하는 경우가 많다. 외향적인 성격으로 인해 자기주장만 고집한다거나, 다른 아이의 반응을 무시하고 자기의 생각을 강요한다거나, 친구들과의 놀이 활동에서 다른 아이의 차례를 기다려 주지 않고 끼어들면서 놀이의 흐름을 방해하기도 하고, 다른 사람의 일을 늘 참견하며 방해하는 경우도 있다.

아이들도 처음에는 먼저 말을 걸어 주는 외향적인 아이에게 호감을 갖게 되고 그 아이가 주도하는 놀이에 따라 주지만, 차츰 그 아이가 내 말을 잘 들어주지 않거나 성격이 급해서 다른 친구의 순서를 기다려 주지 않는다는 것을 느끼게 되면 이 친구와 노는 것을 불편하게 여긴다.

이런 경우에는 어떻게 지도하면 좋을까? 아이들은 다른 사람과 좋은 관계를 맺으며 사회성을 발달시키는 초보적인 시기라는 점을 잊어선 안 된다. 누구나 완벽할 수 없다. 가르침과 교육으로 충분히 관계를 회복할 수 있다. 다른 사람의 입장을 헤아리고 공감하는 방법을 가르쳐 주자. 내 아이의 어떤 면이 다른 사람을 불편하게 하는지 그리고 내 아이가 현재 정서적으로 안정되어 있는지를 점검한 후에, 아이가 다른 친구들을 불편하게 한다면 그 부분에 대해서 아이에게 잘 타일러야 한다. 타이를 때는 자신의 행동이 다른 사람에게 어떤 불편함을 주는지 구체적으로 이야기를 해야 한다. 대부분의 아이들은 자신의 행동이 왜 다른 사람에게 불편함을 주는지 이해 못 하는 경우가 많다. 상대방의 입장을 들려주며 아이가 공감하게 해야 하고, 아이의 지나친 행동을 자제하도록 타일러야 한다.

이때 아이는 이제 막 사회에 첫발을 내딛는 초등 1학년임을 잊지 말아야 한다. 어른들은 아이들을 타이르고, 계속해서 기다려 주는 일에 익숙해져야 한다. 아이는 학교생활을 통해 차츰 사회성과 대인 관계 기술을 배우는 중이다. 문제 행동의 교정은 생각만큼 쉽지 않다. 아이에게 문제 행동이 나타났을 때는 아이와 좀 더 많은 시간을 보내며, 아이의 이야기를 들어주고 공감해 주면서 타인을 존중하는 태도를 길러 주도록 하자. 상대방을 존중해야 자신도 존중받을 수 있다는 가르침은 가정 교육에서부터 시작되어야 한다.

3. 말수가 적고 내성적인 아이 학교 적응기

말수가 적고 수업 시간에 적극적으로 손을 들지도 않는 유형의 내성적인 아이가 있다. 내성적인 아이는 새로운 사람이나 환경에 적응하기 힘들어 하고, 작은 일에도 크게 놀라고 두려움을 많이 느낀다. 또한 하고 싶은 이야기가 있어도 잘 표현하지 못하는 경우가 많고, 다른 아이들보다 눈치를 많이 살피는 경향을 보인다. 자신감 부족으로 주체적으로 행동하지 못하는 경우도 많다. 이런 내성적인 면은 단점이 아니라 아이의 특성이다. 겉으로 표현을 잘하는 외향적인 아이가 우월하다는 생각을 버려야 한다.

내성적인 아이들은 새로운 것에 적응하는 데 다른 아이들보다 긴 탐색 시간이 필요하다. 낯선 곳에 바로 적응하지 못하고 엄마 기준에 조금 느리게 보이는 것도 이 때문이다. 그러나 걱정할 필요는 없다. 아이들은 자기 기질에 따라 가장 안전하고 효율적으로 행동한다. 문제는 외향적인 성격을 기준으로 아이를 다그치는 데서 발생한다. 타고난 아이의 기질을 전혀 이해하지 않고 억지로 외향성을 강요하면 아이들은 자신의 성격을 고쳐야 할 약점이라고 인식하게 된다. 내성적인 아이들은 내성적인 아이대로 강점이 있다. 다른 아이들보다 탐색 시간이 길고, 자신만의 기준이 확고해 고집이 세며, 스스로 이해되지 않으면 꿈쩍하지 않는다. 다른 시각으로 보면 신중하고 뚝심이 있으며, 자기주도성이 강하다는 의미이기도 하다.

내성적인 아이일수록 성공의 경험을 많이 겪고, 성취감을 통해 자신감을 키워야 한다. 성공의 경험과 그로 인한 성취감을 맛본 아이는 쉽게 포기하지 않는다. 그 경험을 기억하면서 도전하고 결과를 위한 과정을 소중히 여기는 경향이 강하다. 이런 아이일수록 사람들과 자연스럽게 접촉할 기회를 늘려주는 노력이 수반되어야 한다.

그러니 기다려 주자. 빨리 대답하지 않아도, 표현이 서툴러도 다그치지 말고 기다려 주자. 부모가 느긋하게 기다려 주는 모습을 보여야 아이도 안정과 평안을 느끼게 되고 두려움을 잊을 수 있다. 실제로 이러한 내성적인 아이는 표현이 느리고 서툴 뿐이지, 마음 깊은 내면에서 싹트고 꿈틀거리는 생각의 넓이와 크기가 작은 것이 아니다. 내성적인 아이들이 사람이 많은 곳, 낯선 환경에서는 말을 잘 못하지만, 마음의 안정을 찾을 수 있는 곳인 가정이나 부모 앞에서는 수다쟁이기도 하다. 그렇기 때문에 이 내성적인 성격은 그 아이의 특성으로 바라봐야지 문제 행동으로 보면 곤란하다. 외향성과 내향성 중 어떤 특성이 더 좋다고 여기는 것은 위험한 발상이다. 있는 그대로의 아이 특성을 인정하고, 아이의 재능을 마음껏 펼칠 수 있는 장을 만들어 주는 것이 부모의 역할이다.

4. 주도적인 아이가 되게 하라

주도적인 아이일수록 적응을 잘한다. 주도적인 아이는 다른 사람에게 존중받고, 타인을 존중하는 아이이다. 이러한 주도적인 아이로 키우려면 어떻게 해야 할까?

아이 스스로 자신에 대한 믿음과 신뢰가 있어야 한다. 그러기 위해서는 스스로 성취감을 맛보는 경험이 중요하다. 부모가 대신 만들어 주는 성과가 아니라, 스스로 계획하고 노력해서 얻는 성취감을 맛보면서 자기 확신과 신뢰감을 쌓아야 한다. 부모가 대신 해 주는 일이 많을수록 아이는 자기 확신과 신뢰가 점점 약해지기 마련이고, 반대로 아이에게 선택할 수 있는 경험을 많이 주면 줄수록 아이는 자립심이 생기고 주도성을 갖게 된다.

그렇다면 아이에게 선택할 수 있는 경험을 어떻게 제공해 주면 좋을까?

먼저, '내가 할래'를 존중해 주고 스스로 할 수 있도록 기다려 주자. 두 살 무렵부터 아이들은 서툰 솜씨로 자기가 하겠다고 고집을 부리기 시작한다. 혼자서 옷을 입으려고 하고, 스스로 숟가락을 잡고 밥상을 난장판으로 만들 수도 있다. 이때 실수투성이의 결과를 낳을 수도 있지만 엄마가 이 시기에 여유를 가지고 아이에게 기회를 주고 기다려 주어야 한다. 특히 바쁜 아침 시간 맞벌이 엄마에게는 엄두가 나지 않을 수도 있다. 하지만 이 순간을 기다려 주지 못하고 엄마가 입혀 주고 먹여 준다면, 그 순간 스스로 하고자 하는 의욕이 꺾여 아이의 주도성을 떨어뜨리는 결과로 이어질 수 있다.

　다음으로 아이에게 직접 선택할 수 있는 기회를 제공해 주는 것도 중요하다. 유치원에 갈 때에도 엄마가 일방적으로 옷을 정해 주지 말고, 어떤 옷을 입고 싶은지 물어보고 직접 입고 싶은 옷을 선택하게 한다. 그리고 집안일, 혹은 가족의 일을 결정할 때도 아이의 의견을 물어보면서 아이에게 결정에 참여할 기회를 주자. 주말에 어디로 놀러가고 싶은지? 외식할 때는 어떤 메뉴로 먹고 싶은지? 학용품을 살 때도 어떤 것이 맘에 드는지 의견을 물어보면서 아이가 스스로 생각하고 선택할 수 있는 기회를 제공해 주자.

　마지막으로 아이가 학교에 들어갈 무렵이라면 부모의 계획과 생각을 자세히 알려 주는 시간도 필요하다. 부모가 하는 일이 구체적으로 어떤 일인지, 그 일의 중요성도 알려 주고 어려운 점은 무엇인지 알려 주자. 어려움을 해결하기 위해서 부모가 어떤 노력을 하고 있는지, 무엇을 구체적으로 배우고 있는지 알려 주자. 배움을 향한 부모의 계획과 비전, 그로 인한 기쁨을 함께 나눌 수 있다면 아이들은 부모의 모습을 통해서 배움의 긍정적인 면을 터득하고, 준비하고 노력하는 과정의 소중함을 배우게 될 것이다.

1. 아이의 미래를 결정하는 마법, 자존감

자존감이란 '자신을 존중하고 사랑하는 마음'이다. 자신을 존중하는 것은 타인으로부터 칭찬과 격려, 인정을 통하여 작은 성공의 경험을 쌓고, 성공의 경험이 누적되어 자신감이 있는 상태여야 가능하다.

자존감이 높은 아이의 대표적인 특징은 실패를 경험하더라도 다시 도전한다는 것이다. 타인과의 경쟁보다는 새로운 도전을 통해서 이루는 성취감을 중요하게 생각하기 때문에 실패의 경험이 곧 배움의 기회라고 생각하는 경향을 보이기도 한다.

반면, 자존감이 낮은 아이는 본인이 할 수 있는 상황에서도 쉽게 포기하는 경향이 있다. 몇 번의 실패 경험과 부정적인 피드백이 아이의 도전 의욕 자체를 꺾어 버려, 실패 경험이 누적된 후 '학습된 무기력'에 빠지기도 한다. 꾸중, 비난, 지적, 질책 등의 부정적인 피드백에 자주 노출되면 자신보다는 누군가의 도움을 통해 문제를 해결하려는 경향을 보이며, 도움을 주는 사람을 찾지 못하면 핑계를 대고 짜증을 낸다. 심각한 경우에는 어떤 상황에서도 '할 수 없다'로 단정지으며 포기한다.

그렇다면 자존심과 자존감의 차이는 무엇일까? 비슷한 단어지만 그 의미는 확연히 다르다. 자존심은 나를 남과 비교하거나 평가하면서 나를 의식하는 것, 즉 타인을 의식하는 경향성이 매우 강하다. 자존감은 타인이 나를 보는 시선과 상관없이 스스로 나를 인정할 줄 아는 것, 나를 스스로 멋진 아이라고 생각하고 스스로 도전하며 나답게 살 수 있도록 이끄는 힘이다. 이렇게 아이 스스로 '나는 멋진 아이'라고 생각할 수 있는 긍정적인 자존감을 가졌다면 복잡한 학교생활도 혼란을 겪지 않고 잘 대처하며 견딜 수 있다.

이처럼 긍정적인 자존감은 중요한 것임에도 불구하고 손에 그 느낌이 잡히지 않아 실체를 파악하기는 어렵다. 학교에서는 교사가 학생의 행동을 관찰하거나 평가하면서 학생이 긍정적인 자존감을 가지고 있는지 판단한다. 자존감이 높은 아이는 주어진 과제를 두려워하지 않는다. 결과가 좋든 나쁘든 성과를 내려고 도전하며, 교사의 칭찬 한 마디에도 좋은 성과를 내기 위하여 더 노력하는 태도를 보여 준다. 뿐만 아니라 자존감이 높은 아이는 매사 긍정적이고 의욕적이며 유쾌하다. 나는 괜찮은 아이이고 이 정도의 과제쯤은 별거 아니라는 생각을 하기 때문에 주어진 과제를 마다하지 않으며 어려워하지도 않는다.

반면에 자존감이 낮은 아이는 매사 자신감이 없다. 자신감이 없으니 의욕이 없고, 동기도 약하다. 무언가를 하기도 전에 걱정부터 앞서는 아이이기 때문에 행동으로 옮기지 못하고 실천력도 부족하다. 이처럼 아이의 자존감은 학교생활 전반에 많은 영향을 끼친다. 그래서 아이들에게는 부모와의 기본 애착에서 형성된 긍정적인 자존감이 매우 중요하다.

2. 아이에게 성공의 경험을 맛보게 해 주자

아이의 자존감을 키워 주려면 어떻게 해야 할까?

우리 아이가 낙관적인 아이가 되길 바란다면 아이의 인생에 성공의 경험을 많이 맛보게 하자. 아이에게 "너는 괜찮은 아이이고 멋진 아이야."라는 말을 해 준다고 해서 아이가 긍정적인 자존감을 갖는 것은 아니다. 실제로 아이가 성공의 경험을 직접적으로 그리고 가급적 많이 맛볼 수 있어야 한다. 그러기 위해서는 아이의 발달 수준에 맞는 과업부터 차근차근 제공해 주어야 한다. 대개의 부모는 우리 아이가 꽤 똑똑하고 잘났다고 생각하는 경향이 크다. 그리고 학부모가 되기 시작하면서 욕심이 앞서서 아이의 수준을 있는 그대로 바라보지 못하고 다소 과대 평가하는 경향이 있다. 부모는 아이의 능력을 높이 평가하여 수준 높은 과제를 제시하게 되고, 아이는 어려운 과제를 수행하느라 버거워하고 심지어 과제를 수행하지 못해 좌절감을 느끼게 하는 실수를 저지르곤 한다.

무슨 일이든지 처음 시작할 때는 다소 서툴 수 있다. 그렇다 하더라도 관대하게 넘어갈 수 있어야 한다. 아이가 틀릴 때마다 매번 지적하고 고치라고 하면 아이는 금세 흥미와 자신감을 잃기 마련이다. 공부도 마찬가지이다. 1학년 공부가 쉽다고 여겨서 진도를 앞서서 혹은 학년을 뛰어넘어서 가르치는 부모가 많다. 책을 읽을 때에는 틀리게 읽는 글자가 생기면 바로 지적하고 고쳐 주는 부모, 덧셈과 뺄셈을 할 때 사소한 실수를 지나치게 지적하는 부모들도 있다. 잘못하고 실수한 것을 지적받는 일이 잦아질수록 아이의 자긍심은 위축되고, 실패의 쓰라림만 각인된다. 그러므로 아이에게 쉬운 과제를 제공해서 백점을 맞게 하고, 성공하는 경험을 많이 만들어 주는 것이 저학년 학습에서 매우 중요하다. 성공을 맛본 아이는 그 기쁨과 뿌듯함을 잊지 못한다. 그 기쁨과 뿌듯함은 성공의 경험이 쌓이면 쌓일수록 더 강력한 중독성이 있어서 성공을 위하여 어려운 과제에도 도전하고 노력하게 하는 원동력이 된다. 또한 성공의 경험을 먼저 배운 아이는 어려운 일이 닥쳐도 그만큼 위기관리를 잘 해낼 수 있다. 이러한 성공의 경험은 아이를 놀랍게 성장하게 한다.

본 저자 역시 우리 반 아이들에게 성공의 경험을 최대한 많이 맛보게 하기 위하여 여러 방법으로 노력하고 있다.

대부분의 학교에서는 줄넘기 운동을 권장하고 1인 1기 운동으로 많이 실시한다. 우리 학교도 1학년 아이들에게 줄넘기 운동을 권장한다. 유치원 때부터 줄넘기 학원을 다녔거나 엄마와 함께 줄넘기를 했던 아이들은 어렵지 않게 줄넘기를 한다. 그런데 초등학교에 입학해서 처음으로 줄넘기를 하는 아이들이 절반 이상이다. 줄넘기는 팔과 어깨의 반동으로 줄을 돌리는 것과 두 발을 폴짝 뛰어 줄을 뛰어넘는 운동이라 처음 하는 아이들에게는 어렵다. 한 번 넘기도 힘든 아이들이 여러 명 있다. 이 아이들에게 줄넘기 100회 넘기는 험난한 목표일 수도 있다. 하지만 줄넘기란 것이 신기한 게 한 번 넘고, 두 번 넘으면 금세 열 번을 넘고, 20, 30, ……, 100까지 연습하는 만큼 그 기록이 나온다. 처음엔 한 번도 제대로 넘지 못하던 아이들이 아침마다 연습하고, 친구들이 응원해 주면 어느새 10회, 20회, 100회까지 넘으면서 얻게 되는 성취감은 엄청나다. 자신만의 줄넘기 기록이 갱신될 때마다 칭찬 스티커를 받는 이유도 있겠지만, 처음 할 때는 그토록 어려웠던 줄넘기를 드디어 자기가 넘었다는 기쁨이 아이들을 성장하게 한다. 아이들을 가르치다 보면 줄넘기와 같은 사례가 아주 많다. 학교생활을 처음 시작하는 아이들에겐 뭐든지 도전이고 성취감의 대상이 될 수 있기 때문이다.

3. 아이의 현재 모습을 구체적으로 격려하고 칭찬해 주자

어른들은 말로 표현하지 않아도 감정을 읽을 수 있지만, 아이들에게는 숨은 언어를 읽어 낼 능력이 아직 없다. 그래서 돌려서 말하지 않고 아이의 장점을 짚어 가며 칭찬해 주는 것이 아이의 자존감을 높이는 데 도움이 된다.

초등학교 저학년 아이에게 가장 중요한 것은 앞서 말했듯이 긍정적인 자존감, 자긍심, 즉 자신감이다. 이러한 자신감을 갖기 위해서 아이가 비교적 쉬운 일부터 도전하며 성공을 맛보아야 한다고 말한 바 있다. 아이 스스로 주어진 과제를 무탈하게 수행하고, 무언가를 이루었을 때 느끼는 보람과 희열은 그 무엇과도 바꿀 수 없는 값진 경험이고 감정들이다. 스스로 뿌듯해 할 때마다 옆에서 부모가 그 노력을 인정해 주고 격려해 준다면 아이의 기쁨은 두 배가 되고 자신감은 더욱 상승할 수밖에 없다. 이것이 바로 칭찬의 강력한 힘이다. "칭찬은 고래도 춤추게 한다."라는 말처럼 칭찬은 우리 아이를 덩실덩실 춤추게 할 수 있는 신비한 마법을 부린다. 하지만 칭찬도 아이의 연령과 상황에 따라 하는 방법이 조금씩 다르고 기술이 필요하다.

먼저, 무조건적인 칭찬이 아니라 칭찬할 만한 일을 칭찬하자. 아이의 행동을 무조건 칭찬하는 것이 아니라, 그 행동이 칭찬할 만한 일인지 정확히 판단해야 한다. 아이들이 자기가 별 노력도 하지 않았는데, 스스로 칭찬받을 일이라고 생각하지도 않는데 칭찬을 받으면 오히려 칭찬의 약효가 떨어질 소지가 크다. 애매모호한 상황일 때는 칭찬을 하지 않는 것이 좋을 때도 있다.

다음으로 즉시 칭찬하고, 구체적으로 칭찬하자. 아이가 칭찬할 일이 있으면 미루지 말자. 아이의 좋은 행동을 보았을 때는 가능한 한 바로 그 자리에서 어깨를 토닥거려 주거나 살짝 안아 주면서 칭찬을 해 주자. 칭찬을 할 때는 아이가 이루어 낸 결과보다는 과정에 초점을 맞추는 것이 좋다.

tip 애매모호한 표현보다는 아이의 구체적인 행동을 칭찬의 대상으로 삼아야 한다

> 놀이 상황에서 친구에게 양보했다면,
> "너도 그 장난감을 가지고 놀고 싶었을 텐데 친구에게 먼저 양보한 것은 참 멋진 일이야. 그 친구가 네게 고마워했을 거야."
> "수학 시간에 수 세기를 잘했네. 물건을 빠트리지 않고 빗금을 치면서 꼼꼼히 잘 세었구나."
> "지난 주에는 책을 다섯 권 읽었는데, 이번 주에는 벌써 일곱 권을 읽었구나. 책을 많이 읽는 모습이 대견해. 그만큼 생각이 쑥쑥 커질 거야."

아이의 좋은 행동과 과정을 구체적으로 담아서 칭찬해 주어야 한다. 다른 아이와 절대로 비교하지 말고, 우리 아이의 지난날 행동과 비교해서 조금이라도 나아지거나 향상된 것이 있으면 구체적으로 칭찬해 주는 것이 매우 중요하다.

아이가 얼마나 잘했는지 결과를 평가하지 말고, 아이가 기울인 노력을 인정해 주고 격려하며 칭찬해야 한다.

결과 중심의 평가보다 과정 중심의 평가가 중요하다. 아이의 성장 과정에서 좋은 행동의 변화를 보이고 있다면 그 자체로 훌륭한 칭찬거리이다.

마지막으로 최고의 칭찬은 아이의 존재 그 자체만으로도 기쁘고 고마운 부모의 마음을 자주 표현하는 것이다.

부모라면 내 아이가 세상에 태어나는 그 순간의 기쁨과 환희를 잊지 않고 간직하고 있을 것이다.

"네가 엄마 딸이어서 엄마는 정말 기뻐. 너는 세상 그 무엇과도 바꿀 수 없는 소중한 아이란다."

평범한 표현일지 모르나 아이들은 부모의 이런 마음이 전해질 때마다 자신이 정말 소중하고 귀한 존재라고 인식하게 된다.

학교에서 만나는 우리 반 아이들도 마찬가지다. 학교에서 만나는 우리 반 아이들의 자존감을 키울 수 있는 한 마디를 꼽는다면,

"네가 우리 반이어서 선생님은 기뻐. 우리 반 친구들에게 즐거움을 주는 네가 자랑스럽고 고맙단다."

라는 말이다.

가정과 학교에서 '나는 소중한 존재이고, 괜찮은 아이야.'라고 느끼게 해 주는 귀한 한 마디의 말, 그리고 칭찬과 격려가 아이의 자존감을 향상시키는 자양분이 된다는 사실을 잊지 말아야 한다.

3교시

두근두근 초등 공부
시작하기

한글 교육 시키기

1. 한글 교육의 적기는 아이마다 달라요

한글 교육을 시작해야 할 적기는 언제일까? 아무래도 우리 아이가 다른 친구들보다 빨리 한글을 뗄수록 좋지 않을까 하는 게 엄마의 마음이다. 어떤 부모는 두 돌쯤 지나 한글 터득을 위한 학습지를 시작하는 부모도 있다. 학부모, 교사 할 것 없이 초등 입학 전까지는 "가급적 떼고 가는 것이 좋고, 웬만큼은 읽고 쓸 수 있어야 한다."고 말하기도 한다.

그렇다면 한글 교육을 시작할 적기는 언제일까? 전문가마다 차이는 있지만 뇌 발달 시기를 고려했을 때 최소 48개월 이후 시작하는 게 좋다는 견해도 있고, 아예 7세 이후 한글 교육을 하는 것이 좋다는 의견도 만만치 않다. 서울시교육청에 따르면 문법이나 철자를 익히는 데 사용하는 좌뇌의 경우 7세 이후 본격적으로 발달한다고 한다. 창의력이나 상상력 등을 키우는 우뇌는 6세 이후 퇴보하기 시작한다. 따라서 7세 이전에는 일찍 글자를 가르치는 것보단 아이들의 감각 자극 활동을 계속해서 도와주는 게 더 좋다. 물론 아이마다 얼굴과 성격이 다른 것처럼 한글에 대한 관심과 습득 속도에도 차이가 있다. 5세가 채 되지 않아도 한글을 잘 읽고 쓰는 아이가 있는 반면, 초등학교 입학 후에도 글자를 잘 모르는 아이가 있을 수 있다. 무조건적인 조기 교육보다 아이의 성장 속도에 맞춘 교육이 바람직한 이유이다. 중요한 것은 내 아이가 스스로 글자에 흥미를 느끼고, 관심을 보일 때까지 재촉하지 않고 기다려 줘야 한다는 것이다.

내가 맡은 1학년 아이들을 대상으로 통계를 내보면 초등학교 입학 직전인 7세 하반기에 한글을 떼었다는 아이들이 가장 많다. 7세 여름부터 스스로 한글에 관심을 보이면서 터득한 아이도 있고, 초등학교 입학을 앞두고 기다리다가 입학 전에 어떻게 해서든 한글을 익혀야 하겠기에 본격적으로 한글 공부를 한 까닭도 있다. 학부모들은 5세나 6세 때 한글을 가르칠 때는 더디었는데 7세 하반기가 되니 한글 터득이 쉬웠다는 얘기를 많이 한다. 한글 교육은 초등 입학까지 최종적으로 넘어야 할 관문이긴 하나, 한글을 습득하는 개인차가 크므로 유아기 초기부터 내내 강조할 필요는 없다. 초등 1학년 교육과정에는 한글 교육을 강화하고 있어 한글을 완전히 습득하지 못하더라도 초등학교 입학 후에 한글을 깨치는 아이들도 적지 않다.

2. 스스로 친숙해지는 게 좋아요

가장 이상적인 상황은 애써 가르치지 않아도 아이가 이미 한글에 친숙해져 있는 것이다. 어렸을 때부터 그림책을 많이 읽어 주고, 동화나 이야기를 들려

주며, 다양한 경험을 통해 사물 인지력을 키워 주었다면 아이가 글자에 대한 호기심을 빨리 드러내게 된다. 또 어린이집이나 유치원에 다니면서 글자를 줄줄 읽는 또래 아이들을 보며 자신도 한글을 배우고 싶다고 생각하기도 한다. 가방에 붙은 나의 이름표와 유치원에서 내 신발장에 붙여진 이름표를 반복적으로 보면서 내 이름에 들어간 글자를 자연스럽게 터득하기도 한다. 그리고 친한 친구의 신발장에 붙여진 이름표를 보면서 친구의 이름에 들어간 글자를 알아채기도 한다. 또 좋아하는 과자 봉지에서 과자 이름을 보면서 글자를 터득하기도 하고, 가게의 간판을 줄줄 읽기 시작하면서 글자에 관심을 보이는 아이도 있다. 이처럼 어느 날 갑자기 글자에 관심을 보이고 터득하는 아이들도 많다. 이렇듯 아이들은 다그치지 않고 한글 터득의 적기를 기다려 주면 자연스럽게 글자를 익혀 간다.

아이 스스로 글자를 읽고 싶다는 마음이 들 때만큼 한글을 뗄 절호의 기회는 없다. 이때는 유아용 학습지도 괜찮고, 엄마가 그림책이나 한글 카드 등으로 같이 놀아 줘도 좋다.

물론 한글 읽기와 쓰기가 동시에 이루어지지 않을 수도 있다. 한글을 익힐 때 자음과 모음의 구분, 초성, 중성, 종성 등으로 구분하고 조합하는 과정으로 익히지 않고 대개는 완성된 통글자로 글자를 익히는 경우가 많다. 따라서 글자를 읽을 수는 있어도 쓰기를 어려워할 수 있다. 쓰기는 아이에겐 꽤 고단한 손동작이기 때문이다. 쓰기 공부 중에도 성별의 차이가 드러날 때가 있는데, 남자아이들은 여자아이들에 비해 배우는 속도가 더디고 글씨도 그림 그리듯 엉성하게 쓰는 경우가 많기에 무리하게 한글 쓰기에 도전하지 않아도 된다.

3. 한글을 못 떼었어도 조바심 내지 마세요

한글 공부의 진도나 성과에 조바심을 내지는 말자. 한글을 완전히 떼지 못했다 해도 최근에는 1학년 교육과정에서 한글 교육을 위한 시수 확보가 증가된 만큼 학교 입학 후에도 충분히 한글을 익힐 수 있는 여유가 있으므로 크게 걱정하지 않아도 된다. 2015 개정 교육과정부터는 1학년 1학기에 한글 교육의 기초를 쌓을 수 있도록 국어, 수학, 통합교과 등 모든 교과서에 글자를 최소화하였으며, 그림만 보고도 내용을 짐작하고 파악할 수 있도록 구성하여 듣기와 말하기 중심으로 수업이 가능하도록 하였다.

본 저자도 1학년 담임을 할 때마다 한글을 다 못 뗀 아이들을 만난다. 학부모는 나를 만나자마자 근심부터 털어놓는다. 아직까지도 한글을 읽지 못하는데 공부에 뒤처지는 건 아닌가 걱정이 태산인 부모를 가끔씩 상담한다. 물론 글을 아는 것이 당장에는 수업에 유리할지 모르겠다. 하지만 초등 1학년 과정은 글을 읽고, 글을 쓰는 활동보다는 생활 속에서 배우고 실천하는 공부가 훨씬 많다. 학교생활을 위한 기본 규범 익히기나, 국어나 수학 같은 경우도 듣기와 말하기를 기본으로 하는 스토리텔링으로 수업이 이루어지기 때문에 한글을 몰라도 큰 지장을 주진 않는다. 학교에 다니기 시작해서 배워도 늦지 않은 것이 한글 교육이니 너무 조바심을 낼 필요는 없다.

한글 교육보다 더 중요한 것은 친구들의 이야기를 잘 경청할 줄 알고, 그 말을 잘 이해하며, 자신의 생각이나 느낌을 잘 표현하는 것이다. 다양한 경험을 하면서 생각하고 느끼는 것들을 말로 표현하고 다른 사람의 감정을 이해하고 공감하는 것에 더 주안점을 두는 것이 더욱 현명하다.

tip 한글 익히기도 놀이처럼 해 보자

한글 공부를 할 때 가장 먼저 익히는 글자는 아이 자신의 이름이 좋다.

아이 이름에 들어간 똑같은 글자부터 찾아보는 놀이를 해 본다.

아이 이름에 '강'이 들어갔다면 '강'의 'ㄱ'으로 시작하는 글자를 찾아보는 놀이를 해 보자.

아이들이 좋아하는 과자 봉지에서 글자를 찾아도 좋고, 동네 한 바퀴 돌면서 여러 가지 간판에서 글자를 찾아보아도 좋다. 생활 속에서 글자 찾는 놀이는 아이들도 부담 없이 한글을 접하는 방법이다.

아이 이름에 들어간 글자를 모두 익혔으면 엄마 아빠 이름으로 넓혀 가는 것도 좋다.

우리 아이 초등 학습 준비하기

초등학교 입학은 아이가 배움을 본업으로 하는 학령기로 들어서는 출발점이다. 유치원 때까지만 해도 학습보다는 아이의 감성과 사회성 발달에 관심을 두었던 부모들도 초등학교 입학을 앞두고 우리 아이의 학습 준비도가 어느 정도인지 불안해한다.

초등학교 입학을 앞둔 예비 학부모와 상담할 때마다 가장 많이 궁금해하고 묻는 질문이 바로 초등학교 입학 전까지 얼마만큼 학습 준비를 해야 하는가이다.

교사 입장에서는 학습 준비보다는 기본예절과 기초 기본 생활 습관, 규칙적인 생활이 더 중요하다고 생각하지만, 입학을 앞두고 우리 아이 학습 준비에 대해서 궁금해하고 불안해하는 부모의 마음을 이해 못 할 바는 아니다.

초등학교 입학 무렵 '읽기, 쓰기, 셈하기'(3R)의 학습 기초 기능은 어느 성도 갖춰야 할까?

1. 읽기

초등학교 입학 전까지 한글을 완전히 터득하지 않아도 학교생활을 하는 데 큰 문제는 없다. 다만 초등학교 생활은 국어 시간뿐만 아니라, 글자를 읽어야 하는 경우가 많기 때문에 기본적으로 한글을 읽을 줄 아는 것이 좋다. 학급 이름을 읽을 수 있어야 하고, 신발장에 적힌 내 이름을 찾아 읽을 수 있어야 하며, 칠판에 붙여진 시간표와 교실 앞뒤 게시판에 붙여진 글자 정도는 읽을 수 있어야 학교생활이 편해지기 때문이다. 초등학교 입학 전까지 도달해야 할 읽기 기준이 정해져 있진 않지만, 한글의 자음과 모음 이름 알기, 간단한 낱말 읽기, 간단한 문장 읽기, 페이지별로 한두 문장의 글밥으로 구성된 동화책을 읽는 수준이라면 더 좋다.

이때, 소리 내어 읽기는 매우 중요한 읽기 전략이다. 소리 내어 읽기는 초등 저학년 시기에 매우 중요한 읽기 방법 중 하나로 글자를 눈으로 보고, 뇌로 글자를 인식하고, 그 글자를 입으로 소리 내어 말하고, 귀로 듣는 과정을 통해서 눈과 뇌와 입과 귀의 협응력을 키움은 물론, 뇌력을 발달시키는 읽기 방법이다. 또한 자신감과 발표력, 암기력, 기억력에도 많은 도움을 줄 뿐만 아니라, 문장 구성력도 좋아지는 효과가 있으니 소리 내어 동화책 읽기를 적극 지도하길 바란다.

2. 쓰기

쓰기에서는 먼저 자기 이름을 쓰는 것이 기본이다. 그 다음으로 우리 가족의 이름을 쓰고, 일상생활에서 자주 나오는 낱말 쓰기를 익히는 것이 좋다. 읽기와 쓰기는 동시에 이루어지지 않을 수 있다. 무리하게 서둘러 쓰기 교육을 하는 것보다는 연필이나 색연필을 바르게 잡고 운필력을 키우는 놀이 활동에 주안점을 두는 것이 더 바람직하다. 글씨를 쓸 때 기본적으로 중요한 것은 연필을 바르게 잡고 자음과 모음의 획순을 제대로 알 수 있도록 지도하는 것이다. 처음부터 글씨 쓰는 자세가 바르지 못하고 자음과 모음의 획순을 잘못 익히면 나중에 바로잡을 때 쉽지 않다. 그러니 어설프게 익힐 바에는 초등학교 입학 후에 학교에서 바르게 익히는 것이 나을 수도 있다.

3. 셈하기

초등학교에서 본격적으로 수학을 공부하기에 앞서 유아 수학은 일상생활에서 떼어 놓을 수 없다. 일상생활의 모든 것이 수학적 경험이 될 수 있다. 일상생활은 아이들에게 소중한 학습 기회의 자양분이며, 책에서 배운 것 그 이상으로 효과도 크다.

가령 엄마와 함께 저녁 식탁을 차린다고 해 보자. 식구 수만큼 수저 놓기를 하면서 수 대응을 공부하게 되고, 밥상머리에서 반찬의 가짓수를 세어 보면서 수를 익히게 해 보자. 이 밖에도 일상에서는 수를 세는 일이 무수히 많다. 과자를 먹을 때 "몇 개 먹었지?", 신발장에 가지런히 놓인 신발을 보면서 "내 신발은 몇 번째에 있지?", "우리 집은 몇 층일까?", "이 모양은 무엇과 비슷해 보이니?" 등 일상의 모든 것이 수학 공부의 첫걸음이며 소재이다. 이렇게 유아기 때부터 생활 속에서 즐거운 놀이와 활동으로 자연스럽게 수학을 접한 아이는 초등 수학도 어렵지 않게 소화할 수 있다.

tip 》를 초등 1학년 기본 학습 준비물 목록

	준비물	비고
①	12색 색연필	샤프펜슬처럼 돌리면 심이 나오는 것이 좋다.
②	12색 사인펜	학교에서는 모둠별 공통으로 사용하지만 가정에서 사용하
③	12색 네임펜	려면 기본적으로 갖추면 좋다.
④	풀, 가위	어린이 안전 가위로 준비하되, 왼손잡이는 왼손잡이 가위로 준비한다. 풀은 딱풀이 좋다.
⑤	색종이	양면 색종이, 단면 색종이 다양하게 준비. 1/4사이즈의 색종이도 준비하면 다양한 접기 활동에 쓰인다.
⑥	모양 자, 20cm 자	기본적인 수업 도구이다.
⑦	클립 파일 혹은 L자 투명 파일	학교에서 배부하는 가정통신문을 넣어서 가지고 다니면 좋다.
⑧	A4, B4 클리어 파일	아이의 작품이나 활동지 등을 한데 모아 둘 수 있다.
⑨	스케치북	학교에 따라 스케치북을 사용하지 않고 낱장의 도화지를 이용하는 경우도 있으니 학교 안내에 따라 준비하면 된다.
⑩	크레파스	36색 정도가 좋다. 색깔이 너무 많으면 교실 책상이 작아서 사용하기 불편할 수 있다.
⑪	수채화 물감	초등 저학년은 물감을 많이 사용하지 않으므로 12색 정도도 무방하다.
⑫	팔레트	소형 플라스틱 재질이 좋으며, 물감을 미리 짜서 적당히 말려 두어야 사용하기 편하다.
⑬	붓	회화용(대, 중, 소 세 자루)
⑭	물통	원통형 주름 물통
⑮	팔 토시	재질은 무관하며 미술 활동에 주로 사용한다.

	준비물	비고
⑯	소독 티슈 및 물티슈	미술 활동에 필요하기도 하고 개인 위생을 위하여 교실에 한 개씩 준비해 두면 좋다.
⑰	책받침	바른 글씨 수업을 할 때 필요하다.
⑱	공책 혹은 종합장	학교 안내에 따라 준비하는 것이 좋다.
⑲	연필	HB 육각기둥이 좋으며 지우개가 달리지 않은 것으로 준비한다. 손힘이 없는 아이들은 처음에는 B나 2B를 사용해도 된다.
⑳	지우개	잘 지워지고 무른 것, 단순한 모양 및 적당한 크기가 좋다.
㉑	필통	학교에 가지고 다니는 필통은 게임기가 부착되어 있지 않은 것이 좋다. 게임기가 부착된 필통은 수업 중 주의를 산만하게 하는 요소가 된다.
㉒	양치 도구	칫솔, 치약, 양치 컵
㉓	숟가락, 젓가락	스테인리스 재질. 식당이 갖춰진 학교는 개별 준비하지 않아도 된다.
㉔	수저통	플라스틱이나 스테인리스 수저통이 설거지에 용이하다.

모든 학용품에는 유성펜으로 반드시 이름 쓰기를 잊지 말 것!

초등 1학년 공부 맛보기

1. 손 글씨 쓰기가 중요하다

디지털 기기의 사용으로 손 글씨에 대한 중요성이 예전만큼 크지는 않지만 학생의 발달 단계에 비추어 볼 때, 손과 팔의 운동 기능으로 이루어지는 글씨 쓰기는 저학년일수록 학교생활에 큰 영향을 미친다.

소근육의 발달이 늦어지면 입학 후 학교생활에 어려움이 있다. 글씨를 작게 쓰거나 많이 쓸 때 힘들어 한다. 선 안에 색칠하는 것, 가위질, 색종이 반듯이 접기, 숟가락 젓가락 사용 등 여러 면에서 느려 어려움을 느끼게 되면 학습에 대한 자신감을 잃을 수도 있다.

저학년 시기에는 기본적인 손의 기능이 완성된다. 운동 기능이 급속도로 발달해서 손 기능을 정교하게 훈련할 수 있는 결정적인 시기이기도 하다. 그러므로 그리기나 자르기, 쌓기, 끼우기, 잡기, 던지기 등의 훈련을 많이 시켜 주는 것이 좋다.

초등학교 1학년 아이들은 손 기능을 정교하게 훈련할 수 있는 '결정적 시기'임을 꼭 기억하고 언어 학습과 깊은 관련이 있는 글씨 쓰기에도 정성을 들이도록 하자.

2. 글씨 쓰기에 앞서 손으로 쥐는 힘을 기르자

막상 본격적인 수업이 진행되는 1학년 교실을 들여다보면 연필을 잡고 글씨를 쓰는 활동보다는 그림을 그리고, 종이를 접어서 만들고, 가위로 오리고, 색연필을 잡고 색칠하는 공부가 많다. 가르치는 교사마다 교육의 양상은 조금씩 다르지만 1학년 아이들은 글자를 직접 쓰는 교육보다는 다른 방법으로 표현하는 활동을 주로 많이 한다. 대체로 손의 힘을 키우고 소근육을 발달시키는 교육이 주를 이룬다.

실제로 저자의 학교도 입학 후 한 달 동안 연필을 잡지 않고 색연필로만 수업을 한다. 색연필로 가로선 그리기, 세로선 그리기, 선 따라 그리기, 지그재그 따라 그리기, 동그라미 그리기, 네모 그리기, 스프링 연결하기 등 다양한 모양을 연습하고 배운다. 어른들 입장에서 보면 별것도 아닌 것을 그리고 연습하는 것처럼 보이지만, 이러한 활동은 아이들의 운필력을 길러 준다.

운필력이란, 그림을 그리거나 글씨를 쓰기 위해 손으로 필기구를 쥐고 쓰는 힘을 말한다. 아이들이 글자를 똑바로 쓰지 못하고 흐물흐물 힘없는 지렁이체로 쓰는 이유는 손의 힘이 없어서이다. 따라서 본격적인 글씨 쓰기 교육에 앞서 중요한 것은 손의 쥐는 힘을 키워 운필력을 향상시키는 과정이다.

색연필을 바르게 잡고 손에 힘을 주고 똑바로 선긋기를 하고, 주어진 모양을 따라 그리는 것은 생각처럼 쉽지 않다. 손의 힘이 약하고 소근육의 발달이 덜 된 초등 1학년 아이들은 대부분 어려워한다.

운필력은 소근육 같은 세밀한 운동 능력과 관련이 있다. 블록이나 레고의 조각을 끼워 맞추는 것, 바닥에 떨어진 동전을 집는 것, 단추를 끼우는 것, 젓가락질이나 가위질, 종이접기, 색칠하고 글씨 쓰는 것이 모두 소근육과 관련이 있다. 유아기 때부터 소근육을 발달시키는 놀이를 충분히 하는 것이 좋다.

3. 손의 쥐는 힘을 기르려면 어떤 놀이가 좋을까?

운필력을 기르려면 처음에는 쉽고 재미있는 것으로 시작해야 한다. 처음부터 무턱대고 연필 쥐는 법부터 가르치면 아이들은 금세 흥미를 잃는다. 처음은 크레파스, 색연필 같은 편한 도구로 간단한 도형 그리기, 색칠하기 등으로 시작하는 게 좋다.

아이가 생각하는 것을 혼자서 그림으로 표현할 수 있을 정도가 되면 글씨를 쓸 수 있는 운필력이 있다는 증거이다. 점차 한글과 숫자 덧쓰기, 따라 쓰기 등 연필을 쥐고 쓰는 연습을 해 본다. 취학 전 아이는 집중할 수 있는 시간이 매우 짧으므로 처음에는 5~15분 성도로 짧게 진행히다가 차츰 시간을 늘려 나가는 것이 좋다.

⋛ 가위질과 풀칠 ⋚

잡지나 아이들이 좋아하는 캐릭터 그림, 자동차 그림 등을 가위로 오리는 연습을 해 보자. 처음에는 가위질이 서툴러 똑바로 오리지를 못해서 삐뚤삐

똑하지만 꾸준히 연습을 하다 보면 네모나 동그라미 모양도 싹둑싹둑 잘 오릴 수 있게 된다. 가위질이 능숙해지면 잡지나 전단지의 사물 모양대로 오리기, 여러 장을 한꺼번에 오리기 등 좀 더 수준 높은 활동으로 연결해도 좋다. 내가 원하는 모양을 가위로 오렸다면 오린 모양을 풀칠해 보는 것도 도움이 된다. 일정한 간격에 맞춰 풀칠하는 연습을 통해 손의 힘은 물론 손의 균형감도 익힐 수 있다. 이렇게 모양을 오리고 붙이는 과정을 통해 상상력과 창의력이 발달된다.

≳ 색칠 공부 ≲

시중에는 아이들이 좋아하는 자동차나 로봇, 캐릭터 그림 등이 그려진 색칠 공부 책이 많이 나와 있다. 아이들이 좋아하는 그림의 색칠 공부 책자를 구비하여 색칠 공부를 꾸준히 연습하는 것도 운필력을 키우는 좋은 방법이다. 처음에는 크레파스를 이용해서 색칠을 하게 하고, 점차 색연필을 연필처럼 바르게 잡고 색칠하는 연습을 하면 좋다. 처음 색칠 공부를 할 때에는 칸을 벗어나기도 하겠지만, 점차 칸에 맞춰 다양한 색깔로 꼼꼼히 칠하게 되는데 이쯤 되면 글씨를 쓸 수 있을 만큼의 충분한 운필력이 갖춰졌다고 할 수 있다.

≳ 종이접기 ≲

종이접기를 통해 손가락 운동을 충분히 하는 것도 좋다. 종이로 다양한 물건과 모양을 만들면서 동기 부여도 되고 성취감도 느낄 수 있다. 종이접기 책에 나온 순서대로 접어서 물건을 만드는 것도 좋지만, 종이를 구기고 찢기 활동을 하는 것도 좋다. 동그라미 모양, 네모 모양 등으로 찢기, 신문지를 길게 찢기, 혹은 같은 크기의 종이를 몇 등분으로 규칙을 정해서 찢기 등을 게임처럼 즐기는 것도 도움이 된다.

⟩ 젓가락 놀이 ⟨

젓가락을 사용하여 손을 끊임없이 움직이는 과정은 소근육은 물론 눈과 손의 협응력, 두뇌 발달에도 도움을 준다. 젓가락으로 과자 옮기기, 젓가락으로 콩알 옮기기, 엄마와 서로 먹여 주기 등 다양한 방법으로 게임하듯이 젓가락 놀이를 하면 좋다.

⟩ 점토 놀이와 레고 놀이 ⟨

말랑말랑한 점토 놀이, 레고 놀이도 소근육을 키우는 데 도움이 된다. 점토 놀이를 통해 손의 감각과 촉감을 키움은 물론 창의력과 표현력은 덤으로 발달시킬 수 있다. 특히 레고 놀이는 소근육 발달은 물론 아이의 공간 지각 능력을 함께 향상시킬 수 있는 좋은 놀이 방법이다.

4. 올바른 자세를 익힌다

글씨를 바르게 잘 쓰려면 올바른 자세가 필요하다. 책걸상이 아이에게 맞는지 확인하고 바르게 앉도록 연습을 시킨다. 책상 앞 모서리와 배 사이에 주먹 하나가 들어갈 정도로 책상에 가까이 앉은 채 허리는 펴고 고개는 앞으로 조금 숙이는 것이 바른 자세이다. 왼쪽 팔꿈치는 책상 위로 올라오지 않도록 하고, 팔꿈치와 손목의 중간 부분이 책상 앞 모서리에 닿게 한다. 오른쪽 팔꿈치도 책상 위에 올려놓지 않고 공책이 밀려나지 않도록 손을 살짝 얹어 준다.

다음으로 연필을 잡는 방법에 대하여 알아보자. 고학년 담임을 할 때 보면 의외로 연필을 바르게 잡지 못하는 아이들을 많이 발견한다. 이것은 처음 글씨 쓰기를 할 때 제대로 습관을 잡아 주지 못한 것으로 교정도 쉽지 않다.

연필은 엄지와 검지로 잡고 중지로 연필을 살짝 받쳐 준다. 연필과 지면의 각도는 60° 정도 되게 하고 연필대의 끝을 오른쪽 방향으로 향하도록 한다. 약지와 새끼손가락은 차례대로 구부린 채 중지를 받쳐 주면 된다.

연필을 쥐고 있을 때의 손가락 모양을 살펴보면 바르지 못한 경우가 많다. 글씨만 예쁘게 잘 쓰면 되고, 연필 잡는 데 무슨 옳고 그른 것이 있느냐고 생각하기 쉬우나 그렇지 않다. 연필 쥐는 방법이 바르지 않으면 쉽게 고치기 어려울 뿐만 아니라 자세도 나빠진다. 그러므로 아이가 어릴수록 이에 대한 부모의 관심이 필요하다.

한번 잘못 길들여진 자세와 습관은 바로잡기 어렵고, 이를 교정하는 데에는 많은 시간과 노력이 필요하다. 올바른 자세는 바른 체형과 글씨체의 기본이 되므로, 초등학교 저학년 시기에 바른 자세를 형성해야 한다.

5. 아나운서 놀이로 말하기 능력 신장하기

말도 재능 중에 하나이다. 천부적으로 말을 잘하는 사람이 있는가 하면 자신이 알고 있는 것도 제대로 말로 표현하지 못하는 사람이 있다. 그런 사람은

글씨를 쓰는 바른 자세

엄지, 검지, 중지로 연필을 잡은 자세

(O)　　　　(X)　　　　(X)　　　　(X)　　　　(X)

말의 내용에 대한 가치가 다르기 때문이다. 이런 것도 말로 표현해야 하나? 이 정도는 나만 아는 것이 아니고 누구나 알고 있겠지? 등등 말로 표현해야 하는 것에 대해 나름대로의 기준이 있을 수 있다.

따라서 말하기 능력을 길러 주려면 말이나 대화, 또는 설명에 대한 개념을 함께 생각해 보는 것이 좋다.

말의 목적과 대상이 정해지면 해야 될 말의 내용과 수준을 자연스럽게 정할 수 있다. 목적에 따라 설명이 될 수도 있고 단순한 수다가 될 수도 있다. 대상에 따라 높임말이거나 예사말을 선택하고 단어의 난이도도 결정을 한다.

내가 말하는 모습을 나는 잘 볼 수 없다. 나 이외의 사람들이 나를 보게 된다. 그래서 주변 사람의 지적이 아니면 나의 말하는 모습이나 말의 내용을 냉정하게 성찰하기는 쉽지 않다. 내가 제 3자가 되어 말하는 나를 평가할 수 있다면 가장 좋을 것이다. 이를 위해 아나운서 놀이나 유튜브 크리에이터 같은 놀이를 하면 영상을 통해 나의 모습과 말하는 습관을 스스로 점검할 수 있을 것이다.

초등학교 저학년 때 이런 활동을 통해 아이의 말하기 능력을 점검하고 스스로 신장시킬 수 있도록 시도해 보면 좋다.

6. 여러 가지 수 세기 방법

수 세기는 1학년 때 처음으로 배우는 수학 단원이다. 아이들은 어렸을 때부터 생활 속에서 수 세기의 다양한 경험을 한다. 생활 속에서 수 세기의 다양한 경험은 수를 처음 배울 때 수 개념 형성의 기초가 됨은 물론 수 감각을 키우는 토대를 제공하기 때문에 매우 중요한 활동이다.

수 세기는 아이들이 평소 많이 접했기에 다 잘하는 것처럼 보인다. 그렇기 때문에 집에서도 학교에서도 특별한 보충 지도 없이 교과서의 내용만 간단히 익힌 후 문제 풀이에만 매몰되는 경우가 많다. 하지만 수 세기에도 여러 전략이 있다.

⋛ 앞으로 세기 ⋚

'하나, 둘, 셋, 넷……'처럼 어떤 한 수에서 출발해서 수 세기를 할 수 있는데 이는 덧셈을 익히는 기본적인 전략이 된다. 또한 앞으로 수 세기는 수학에서 규칙성 개념 등을 익힐 때 많은 도움이 된다.

⋛ 거꾸로 세기 ⋚

거꾸로 세기는 어떤 수에서 시작해서 반대 순서로 수를 세는 것이다. 로켓 발사 카운트다운 때 '셋, 둘, 하나, 발사!'처럼 거꾸로 수 세기는 이후 뺄셈에 유용하다.

⋛ 뛰어서 세기 ⋚

앞으로 세기는 하나씩 커지는 수, 거꾸로 세기는 하나씩 작아지는 수 개념의 수 세기였다면 뛰어서 세기는 앞으로 세거나 거꾸로 셀 때 둘씩, 셋씩, 넷씩, 다섯씩, 열씩 등의 값으로 뛰어 세는 것이다. 이러한 묶어 세기는 곱셈과 나눗셈에 대한 준비 학습이 된다.

초등학교 1학년 1년 동안 배우는 수는 100까지의 수이다. 따라서 이러한 여러 전략의 수 세기를 아래와 같이 100까지의 수 배열표에서 다양한 방법으로 게임식으로 해 보면 많은 도움이 된다.

1	2	3	4	5	6	7	8	9	10
11	12	13	14	15	16	17	18	19	20
21	22	23	24	25	26	27	28	29	30
31	32	33	34	35	36	37	38	39	40
41	42	43	44	45	46	47	48	49	50
51	52	53	54	55	56	57	58	59	60
61	62	63	64	65	66	67	68	69	70
71	72	73	74	75	76	77	78	79	80
81	82	83	84	85	86	87	88	89	90
91	92	93	94	95	96	97	98	99	100

1. 30부터 1씩 작아지는 수를 세어 보고, 색칠해 보세요.

1	2	3	4	5	6	7	8	9	10
11	12	13	14	15	16	17	18	19	20
21	22	23	24	25	26	27	28	29	30
31	32	33	34	35	36	37	38	39	40
41	42	43	44	45	46	47	48	49	50
51	52	53	54	55	56	57	58	59	60
61	62	63	64	65	66	67	68	69	70
71	72	73	74	75	76	77	78	79	80
81	82	83	84	85	86	87	88	89	90
91	92	93	94	95	96	97	98	99	100

2. 1부터 20까지 2씩 커지는 수를 세어 보고, 색칠해 보세요.

1	2	3	4	5	6	7	8	9	10
11	12	13	14	15	16	17	18	19	20
21	22	23	24	25	26	27	28	29	30
31	32	33	34	35	36	37	38	39	40
41	42	43	44	45	46	47	48	49	50
51	52	53	54	55	56	57	58	59	60
61	62	63	64	65	66	67	68	69	70
71	72	73	74	75	76	77	78	79	80
81	82	83	84	85	86	87	88	89	90
91	92	93	94	95	96	97	98	99	100

3. 100부터 10씩 작아지는 수를 세어 보고, 색칠해 보세요.

1	2	3	4	5	6	7	8	9	10
11	12	13	14	15	16	17	18	19	20
21	22	23	24	25	26	27	28	29	30
31	32	33	34	35	36	37	38	39	40
41	42	43	44	45	46	47	48	49	50
51	52	53	54	55	56	57	58	59	60
61	62	63	64	65	66	67	68	69	70
71	72	73	74	75	76	77	78	79	80
81	82	83	84	85	86	87	88	89	90
91	92	93	94	95	96	97	98	99	100

4. 1부터 100까지 11씩 커지는 수를 세어 보고, 색칠해 보세요.

실제로 초등학교 1학년 1학기 1단원은 '9까지의 수'이다.

1단원 9까지의 수를 지도할 때는 '5까지의 수'와 '6~9까지의 수'로 구분 지어서 지도를 하는데 5까지의 수를 먼저 충분히 익히고, 그 다음에 9까지의 수를 단계적으로 배우게 한다.

그리 큰 수도 아닌데 이렇게 나누어서 배우는 까닭은 무엇일까? 5까지의 수는 직관적인 수 세기가 가능한 수이다. 그렇기 때문에 5까지의 수는 '하나, 둘, 셋, 넷, 다섯' 등 굳이 수를 세지 않아도 단번에 그 수를 파악할 수 있다. 사물의 개수를 보는 순간 그 수가 한 번에 파악되는 수, 즉 직관적인 수 세기가 가능한 수이다.

하지만 6 이상의 수는 한 번에 그 수를 파악하기에는 어려움이 있다. '하나, 둘, 셋, 넷, 다섯' 등으로 수를 세어야만 그 수를 파악할 수 있다. 물론 수를 세는 방법에는 차이가 있다.

둘씩 묶어서 '둘, 넷, 여섯, 여덟……' 이렇게 세는 방법이 있고, 다섯씩 묶어서 '다섯, 열, 열다섯……' 등으로 세기도 한다. 이렇게 6 이상의 수를 셀 때에는 수 세기의 방식을 달리하면서 수를 세고 파악하는 전략이 들어간다.

한 자릿수 9까지의 수를 지도할 때 의외로 상당한 시간을 들여 가르치는 이유는 그만큼 수를 도입하고, 그 수를 충분히 익히고 체득하기까지 많은 시간과 학습이 필요하기 때문이다.

대개의 경우 아이들은 수를 셀 때 집합 수의 개념으로 배운다. 교과서에도 집합수의 개념으로 수를 먼저 알게 한 후에 순서 수에 대한 공부를 차례대로 이어서 하게 된다.

집합 수는 양의 크기를 나타내는 수라고 볼 수 있고, 순서 수는 차례(배열) 혹은 순서를 나타내는 수이다. 따라서 5라는 집합 수의 개념일 때는 오라고 읽지만, 순서 수의 의미일 때는 다섯째라고 읽는 것이다.

하지만 실제로 아이들에게 수를 지도할 때는 실제 상황에서 수가 어떻게 쓰이는지 다양하게 접하게 하는 것이 좋다.

가령 다음의 문장에 숫자가 어떻게 쓰였는지 살펴보자.

① 우리 집은 9층입니다.

② 나는 우리 집에서 첫째입니다.

③ 나는 일 학년입니다.

④ 나는 사탕 세 개를 먹었습니다.

①의 문장에서 집의 층수를 나타낼 때 우리는 구 층이라고 말하지, 아홉 층이라고 말하진 않는다. ②의 문장에서 첫째는 하나째라고 하지 않는다. 마찬가지로 ③의 문장에서 '일 학년'을 '하나 학년'이라고 하지 않는다. ④의 문장에서 '세 개'를 '삼 개'라고 하지 않는 것도 같은 이치이다.

이처럼 수는 읽는 수, 세는 수, 순서 수 등으로 그 쓰임이 다양하다. 하지만 그 쓰임을 이론적으로 구분지어서 아이들에게 지도하는 것은 금물이다. 위의 예시 문장처럼 수가 쓰이는 여러 상황을 빗대어서 문장을 만들어 보고, 우리 생활에서 수가 어떻게 쓰이는지 탐색해 보면서 저절로 수를 익히는 것이 더욱 중요하다.

수는 실제 구체물을 숫자로 나타내는 수 기호이기 때문에 어른들의 입장에서는 쉬워 보여도 수를 처음 접하는 아이들에게는 생활 속에서 충분한 수 경험과 수 놀이를 병행하여 9까지의 수를 체득하게 하는 것이 중요하다.

어른들은 0을 쉽게 이해하지만 아이들은 0의 개념을 어려워한다. 1학년에서는 '처음에는 존재하였으나 나중에는 아무것도 없게 되는 경우'로 0을 도입하여 0의 지도를 하게 된다.

7. 손가락셈도 아직 괜찮아!

초등학교 저학년 때 셈하기를 할 때는 구체물을 가지고 공부하는 것이 좋다. 한 자릿수의 덧셈과 뺄셈을 할 때는 손가락을 사용하는 것은 아직 유용하다.

수는 추상적인 언어이기 때문에 그 수가 가리키는 것을 손가락이나 구체물을 통해서 양감을 익히는 것은 반드시 필요한 과정이다.

저학년일수록 구체적으로 손에 잡히고 눈으로 보는 과정을 통해서 개념을 더 빨리 익힐 수 있다. 초등 저학년 수학은 개념 학습에 충실한 수학이어야 한다. 유아기 때부터 연산 위주의 반복 학습에 노출되면 아이는 문제를 해결하는 패턴에만 익숙해진다.

수학을 공부하는 이유는 무엇일까? 바로 수학적 논리력을 키워서 결국 생각하는 힘을 키우기 위함이다.

생각하는 힘과 수학적인 힘은 불가분의 관계에 있다. 계산 문제를 실수 없이 잘 풀어서 수학 성적을 내는 것이 중요한 것이 아니라, 사고력의 향상이 더 중요함을 간과해서는 안 된다.

tip)ξ 초등 1학년 수학 교육과정 흐름 살펴보기

	1학기	
9까지의 수	• 5까지의 수 • 9까지의 수	• 수 세기, 읽기 + 쓰기 • 수의 순서 (순서수) • 1 큰 수, 1 작은 수 • 두 수의 크기 비교
여러 가지 모양	• 입체도형의 직관적 분류 • 주어진 모양으로 여러 가지 모양 만들기	• 입체도형 먼저 • 공간 감각 기르기
덧셈과 뺄셈	• 9 이하의 한 자릿수의 덧셈과 뺄셈	• 수 가르기와 수 모으기 • 합이 9 이하인 덧셈 • 한 자릿수의 뺄셈
비교하기	• 길이, 높이, 무게, 넓이, 들이의 직접 비교	• 비교하기 • 비교하는 말로 나타내기 • 둘 사이의 비교 • 셋 사이의 비교
50까지의 수	• 10의 의미, 쓰기, 읽기 • 10개씩 묶음과 낱개의 수를 이용하여 50까지의 수 알기	• 10의 의미, 쓰기, 읽기 • 11~19 알기 • 20, 30, 40, 50 알기 • 21, 22, 23……. 알기

2학기		
100까지의 수	• 10개씩 묶음의 수와 낱개의 수를 이용하여 100까지의 수 알기 • 100까지의 수 알기	• 60, 70, 80, 90 알기 • 99까지의 수 알기 • 100 알기 • 홀수와 짝수	
덧셈과 뺄셈(1)	• 받아올림이 없는 덧셈 • 받아내림이 없는 뺄셈	• 20 + 4 • 22 + 5 • 30 + 20 • 37 + 12	• 50 - 10 • 29 - 8 • 34 - 20 • 27 - 13
여러 가지 모양	• 평면도형 이해(도형 이름 배우지 않음) • 생활 속에서 [□, △, ○] 찾기 • [□, △, ○] 로 여러 가지 모양 꾸미기	• 입체도형의 일부분: 평면도형 • 주변에서 모양 찾기 • 모양 알기(본뜨기) • 같은 모양끼리 분류하기	
덧셈과 뺄셈(2)	• 한 자릿수인 세 수의 덧셈 • 한 자릿수인 세 수의 뺄셈 • 10이 되는 더하기 • 10에서 빼기 • 합이 10이 되는 두 수를 이용하여 세 수의 덧셈	• 2 + 1 + 5 • 8 - 2 - 3 • 1+9 / 2+8 / 3+7 / 4+6 / 5+5 • 10-1 / 10-2 / 10-3 / 10-4 / 10-5 • 2+6+4 / 3+9+1 / 8+2+5	
시계 보기와 규칙 찾기	• 시계 보기 • 몇 시 읽기, 몇 시 30분 읽기 • 물체, 무늬, 수 배열에서 규칙 찾기	• 7시 • 8시 30분 • 규칙에 따라 배열하기 • 규칙 만들기 • 수 배열표의 규칙	
덧셈과 뺄셈(3)	• 받아올림이 있는 덧셈 • 받아내림이 있는 뺄셈	• 받아올림 덧셈: 8+7 • 받아내림 뺄셈: 16-8	

8. 초등 1학년 수학, 이렇게 놀아 보자

⸙ 수 세기 ⸙

수 세기를 공부할 때는 물체를 한 번에 하나씩 정확히 세도록 하고, 물체의 개수와 수가 하나씩 대응하며 연결되도록 수를 세게 한다. 그리고 한자 문화권인 우리나라에서는 '일 이 삼 사……' 한자식, '하나 둘 셋 넷……' 한글식, 이렇게 두 가지 방법으로 수를 읽을 줄 알아야 한다.

2씩, 3씩, 5씩 등 다양한 방법으로 묶어 세기, 2씩, 3씩 5씩 등 뛰어 세기를 해 보는 것도 수 감각을 익히는 데 도움이 된다.

특히 큰 수를 셀 때는 10씩 묶어서 셀 수 있게 지도하는 것이 좋고, 실생활 장면에서 짝수와 홀수를 직관적으로 이해하는 과정도 필요하다.

⸙ 수와 숫자 ⸙

수와 숫자의 뜻을 구별해 보자. 13의 3과, 32의 3은 숫자는 같지만 수는 다르다. 각각 3과 30의 값을 나타내는 수이다. 이것이 바로 위치에 따라 값이 달라지는 위치적 기수법이며, 수가 놓인 자리로 그 수의 크기를 나타낸다. 두 자릿수 자릿값에 대한 공부를 할 때 아이들이 많이 헷갈려 하는 부분이기에 유념해서 지도하면 좋겠다.

아이에게 '삼십이'를 써 보라고 했더니, 32가 아니고 302이라고 썼다면 이는 자릿값에 대한 개념이 부족한 것이다. 32에서 삼십은 10이 3개라는 뜻이고, 302에서 삼백은 100이 3개라는 뜻이다. 이처럼 같은 숫자라도 놓인 위치에 따라 수의 값이 달라진다.

⧼ 가르기와 모으기 ⧽

수의 분해와 합성을 뜻하는 가르기와 모으기 학습은 덧셈과 뺄셈의 기초가 된다. 처음 가르기와 모으기를 할 때는 구체물을 사용하다가 점차 익숙해지면 숫자만으로 가르기와 모으기를 할 수 있다. 특히 5와 10의 가르기와 모으기는 계산할 때 기준이 되는 척도이며, 덧셈과 뺄셈 계산을 효율적이고 다양한 방법으로 할 수 있는 바탕이 된다.

⧼ 덧셈과 뺄셈 ⧽

아이들은 이미 수 세기, 가르기와 모으기를 통해 어느 정도 덧셈과 뺄셈을 할 수 있는 준비가 되어 있다. 덧셈과 뺄셈을 할 때는 식을 쓰고 답을 쓰는 데 관심을 기울이기보다는 덧셈과 뺄셈이 이루어지는 상황을 제대로 이해하고 있는지에 주안점을 두어야 한다.

덧셈인 경우 '더한다', '합한다', '~보다 ~큰 수', '합'

뺄셈인 경우 '뺀다' '덜어 낸다', '~보다 ~작은 수', '차' 등의 일상 용어를 사용하여 덧셈과 뺄셈의 의미에 친숙해지게 하는 것이 좋다.

이렇게 덧셈과 뺄셈의 의미를 이해하였다면 여러 가지 방법으로 덧셈과 뺄셈을 계산하는 활동을 통하여 연산 감각을 기르는데, 이러한 연산 활동은 하루에 15분 이상을 넘기지 않는 게 좋다.

⧼ 공간과 위치 ⧽

공간은 1차 공간인 직선과 2차 공간인 평면, 3차 공간인 입체로 나누어져 있다.

아이들은 태어나면서 우리가 살고 있는 3차 공간인 입체 공간을 직관적으로 느끼고 있기 때문에, 도형 학습은 공간과 위치를 수학적으로 이해하고 표현하는 것에서 출발한다.

공간과 위치 학습은 사물들이 놓여 있는 상대적 위치에 대한 감각을 기르는 것이 중요한데, 아이들은 자신을 기준으로 공간 감각을 익히다가 점차 기준을 다양하게 넓혀 간다.

앞과 뒤, 위아래, 왼쪽 오른쪽 등 방향과 위치를 나타내는 수학 용어를 정확히 알고 사용할 수 있게 지도하면 좋다.

아이의 신체에도 얼굴과 배가 있는 쪽은 앞이고 뒤통수와 등이 있는 쪽은 뒤라는 것과 아이의 오른손과 왼손을 알게 하고, 아이의 머리는 위쪽, 발은 아래쪽이라는 것도 알게 해 주자.

≳ 입체도형 ≲

아이들은 실생활 속에서 여러 가지 모양을 만난다. 생활 주변의 사물을 관찰함으로써 여러 가지 입체도형의 모양을 인식하는 것이다. 그러므로 쌓기나무를 이용하여 여러 가지 입체도형의 모양을 만들고, 그 모양의 위치나 방향에 대해서 말해 보는 활동이 필요하다.

주변 물건을 탐색할 때에는 직육면체, 원기둥, 구의 모양 등을 기준으로 물건의 모양을 분류해 보고 그것을 이용하여 여러 가지 모양을 만드는 놀이도 직접 해 보면 좋다.

평면도형

아이들은 입체도형에 대한 지각이 먼저 이루어진 다음에 평면도형에 대한 탐색과 인식이 이루어진다. 따라서 입체도형인 사물에서 평면도형을 발견하여 이해할 수 있게 하는 것이 좋다.

여러 가지 모양의 스티커로 모양 꾸미기 활동을 해 보면서 스티커의 여러 모양을 탐색해 보게 한다. 삼각형, 사각형, 원 등의 기본 도형의 스티커를 이용하면 더 좋다.

삼각형은 곧은 선 3개와 뾰족한 부분이 3개 있고, 사각형은 곧은 선 4개와 뾰족한 부분 4개가 있다. 그런 다음, 사각형은 입체도형 직육면체의 한 면을 이루고 있다는 것과 동그라미 모양의 원은 원기둥의 윗면과 아랫면의 모양과 같다는 것을 발견하게 해 보자.

집 안에 있는 물건들 가운데 삼각형, 사각형, 원으로 된 물건을 찾아보고, 그 모양을 종이에 대고 본떠 그리는 놀이도 도형 감각을 키우는 데 도움이 된다.

비교하기

생활 주변에는 길이, 들이, 무게, 넓이 등 다양한 속성이 존재한다. 이러한 속성의 양을 비교하고, 단위를 이용하여 재거나 어림해 봄으로써 비교하기 놀이를 해 보자.

구체물의 길이, 들이, 무게, 넓이를 비교할 때는 각각 '길다/짧다', '많다/적다', '무겁다/가볍다', '넓다/좁다' 등으로 표현법이 다름을 알게 한다.

길이를 비교할 때는 엄마와 나의 줄넘기의 길이를 비교할 수 있고, 엄마와 나의 바지 길이를 비교해 볼 수도 있다. 이때 주의할 점은 사물의 한쪽 면을 동일한 선에 맞추어서 길이를 비교하는 것이 올바른 방법임을 터득하게 해야 한다.

들이를 비교할 때는, 컵에 담긴 물과 양동이에 담긴 물 중에서 어느 쪽이 더 분량이 많을지 생각해 보게 하자.

똑같은 크기와 모양의 그릇에 담긴 물의 양을 비교할 때는 어떻게 비교하는 것이 좋은지도 스스로 생각하게 한다. 그릇에 담긴 물의 높이를 비교할 수도 있고, 단위가 될 수 있는 작은 컵에 직접 따라 보면서 물의 양을 비교할 수도 있다.

무게를 비교할 때는 체중계로 직접 올라가서 가족의 몸무게를 비교해 보자. '아빠가 나보다 더 무겁다.', '내가 아빠보다 더 가볍다.'처럼 무게를 비교하는 문장을 만들어서 말하면 더 좋다.

넓이를 비교할 때는 내 방과 거실의 넓이를 비교하면서 어느 쪽이 더 넓은지, 어느 쪽이 더 좁은지 말해 본다. 색종이 접기를 하면서 넓이를 비교해 보면 더 좋다.

색종이를 반으로 접고, 또 반으로 접으면서 색종이의 면적이 점점 줄어드는 상황에서 '더 넓다.'와 '더 좁다.'를 표현하게 한다.

tip 초등 교과서가 사랑한 수학 교구 베스트 5

1위 **연결 큐브**		수 세기, 가르기와 모으기, 두 자릿수, 덧셈과 뺄셈, 비교하기, 모양 만들기 등 전 영역에서 가장 많이 사용하는 교구이다.
2위 **주사위**		각 단원에서 학습 내용을 정리하는 수학 놀이나 게임 활동에 많이 사용된다.
3위 **쌓기 나무**		모양을 쌓고, 입체 인식과 공간 감각을 키우는 데 많이 활용된다.
4위 **수 모형**		수를 익힐 때 사용. 낱개 모형, 십 모형, 백 모형, 천 모형 등의 개념을 익힐 때도 유용하다.
5위 **칠교 조각**		세모, 네모 모양의 7가지 조각이다. 공간 지각 능력 향상은 물론 창의력 향상에도 좋다.

＊ 저자의 주관적인 순위이며, 초등 교과서에서 가장 많이 등장하고 유용하게 활용되는 교구 순으로 선정하였다.
위 교구는 초등 전 학년에 걸쳐 두루 등장하는 교구로 가정에서도 미리 구비하여 놀이 활동에 활용하면 좋다.

포스트 코로나 시대의
온라인 수업은 어떻게 준비할까?

금방 잡힐 줄 알았던 코로나19는 그 끝을 알 수 없을 정도의 강력한 힘으로 우리의 일상을 완전히 바꾸어 놓았다. 코로나19로 인해 교육계에도 대변혁이 찾아왔다. 3월 신학기를 정상적으로 시작하지 못한 채 휴업 기간이 한 달여가 넘어가면서, 더 이상 교육의 시기를 미룰 수 없다는 판단과 함께 온라인 개학과 온라인 수업이라는 새로운 대안이 등장했다. 교사, 학생, 학부모 모두 준비되지 않은 채 온라인 수업을 강행해야 하는 현실에 놓이게 된 것이다.

1. 코로나19가 앞당긴 온라인 수업

1) 온라인 개학? 온라인 수업?

2020년 4월 9일, 코로나19로 인하여 사상 초유의 '온라인 개학'이 이루어졌다. 이때까지만 하여도 온라인 수업이 이렇게 오랫동안 지속될 줄은 몰랐다.

임시방편으로 온라인 수업을 유지하다가 온라인 수업과 대면 수업을 병행해서 운영하는 블렌디드 수업을 진행했다.

그 여파로 학교와 교사들은 교육과정의 수정과 학사 일정의 변화를 감내해야 했고, 등교를 대비한 철저한 방역과 거리두기의 실천 지침을 이행했다.

온라인 수업 초기, 대부분의 학교는 EBS 강의나 e학습터 동영상 강의, 과제 제시형 수업에 의존했다. 사정이 이렇다 보니 교사에 따라 온라인 수업에 대한 편차가 크고, 교사 개인의 역량에만 의존하여 진행되는 온라인 수업이 될 수밖에 없었다. 이는 점차 학생들의 심한 학습 격차라는 문제를 가져왔다.

앞으로도 블렌디드 교육이 이어질 가능성이 높은데 온라인 수업에 대한 불만의 목소리가 점점 커지고 있다.

물론 교사의 헌신과 열정으로 온라인 수업이 자리를 잡고 학생들도 적응을 잘하고 있는 학교도 많다. 그러나 여전히 대다수 학교에서 온라인 수업에 대한 불만이 있는 것도 우리가 당면한 현실의 일부이다. 그렇다면 도대체 온라인 수업의 어떤 부분에 문제가 있었던 것일까?

2) 교육부에서 발표한 원격 수업은?

교육이나 학습활동의 두 주체는 가르치는 사람과 배우는 사람이다. 기존의 전통적인 방식의 수업은 직접 얼굴을 마주하고 이루어지는 교육 활동이었다. 원격 수업은 인터넷, 방송, 통신과 같은 매체를 통해 수업이 이루어지고 있어, 비교적 시간과 공간의 제약을 덜 받는다. 그렇기 때문에 여러 학습자가 물리적, 시공간의 제약을 비교적 덜 받으면서 학습할 수 있고, 학습자의 수준에 따라 자율적인 학습이 가능하다는 장점이 있다. 이런 면에서 보자면 비교적 자기 주도 학습력이 갖춰진 우수한 학습자에겐 원격 수업이 더 효율적일 수 있다. 하지만 방송과 통신을 활용한 일방통행의 수업일 경우에는 많은 아이들이 주도적이고 적극적으로 수업에 임하기가 어렵다. 이 때문에 교육부는 쌍방향 소통이 가능한 인터넷 기반의 원격 수업을 통해 교사와 학습자 사이에 다양한 상호작용과 향후 쌍방향 실시간 원격 수업에 대한 기반 마련과 교사역량 강화에 주력하고 있다.

교육부에서 발표한 온라인 수업 운영의 형태로는 온라인 학급방 운영, 실시간 출석 체크, 실시간 쌍방향 수업, 콘텐츠 활용 중심 수업, 과제 수행 중심 수업 등이 있다.

3) 온라인 학급방(Learning Management System)

대면 수업에서 수업이 이루어지는 공간이 학교와 교실이라면 원격 수업에서 온라인으로 수업이 이루어지는 공간은 바로 온라인 학급방이다. 온라인 학습 관리 시스템(Learning Management System)으로 불리기도 한다. 클래스팅, EBS 온라인 클래스, e학습터, 구글 클래스룸 등이 대표적이다. 온라인 학급방에서는 주요 공지 사항과 수업 내용을 안내하고, 과제 제시 및 콘텐츠 수업을 제시할 수도 있다. 탑재한 동영상 수업을 시청했는지 진도율을 확인할 수도 있고, 과제 등을 제시하거나 제출하여 관리할 수 있는 장점이 있다. 게시글이나 답글을 확인하여 출결을 확인할 수 있으며, 실시간 피드백은 아니더라도 시간차를 두고 피드백을 나눌 수 있는 창구로도 활용할 수 있다.

[클래스팅 온라인 학급방 예]

4) 온라인 수업 운영 예시

그동안 진행된 원격 수업의 유형을 크게 나눠 보면 실시간 쌍방향 수업, 콘텐츠 활용 중심 수업, 과제 수행 중심 수업 세 가지로 정리할 수 있다.

예시1 실시간 쌍방향 수업

오프라인 상황에서 이루어지는 수업을 온라인에서 가장 가깝게 실현할 수 있는 수업이다. 온라인 화상 회의 프로그램을 활용하여 실시간 쌍방향 소통이 가능하며 학생들의 수업 집중도가 가장 높은 수업이다. 구글 행아웃 MEET, ZOOM 화상 회의, MS팀즈 등의 화상 회의 프로그램을 통해 학습자와 실시간으로 만나는 수업이므로 교사의 존재감을 강력하게 느낄 수 있다는 장점이 있다.

실시간 쌍방향 수업을 위해서 학교에서는 교사와 학생이 실시간 화상 수업이 이루어질 수 있도록 수업 도구를 지원해야 한다. 또한 교사는 학생들이 해당 화상 수업 플랫폼에 접근할 수 있는 방법을 적극적으로 안내하고, 전체 학생의 참여를 확인하고 진행하여야 한다. 이 수업은 교사 입장에서 오프라인 수업 때보다 부담이 많은 수업이긴 하지만 모든 수업이 공개되므로 교사가 수업 연구에 집중하고 노력할 수밖에 없다. 또한 학생과 함께 수업 활동을 계획하고 나아가 함께 프로젝트를 설계하고 진행할 수 있으며, 즉각적인 피드백이 가능하다는 장점이 있다.

예시2 콘텐츠 활용 중심 수업

콘텐츠 활용 수업은 교사가 직접 수업 동영상을 제작하는 교사 콘텐츠 활용형과 EBS 등의 외부 전문 콘텐츠 활용형으로 나눌 수 있다. 교사가 직접 만든 동영상 콘텐츠는 교사의 존재감이나 정성을 확인할 수는 있으나 EBS 등의 우수 강사와 전문 편집진이 참여하는 외부 동영상과 비교해 영상의 질 격차가 느껴질 수밖에 없다. 또한 교사가 직접 제작하는 영상인 경우에는 교사의 준비 부담이 크고 초상권 문제, 교사별 수준 격차 등의 문제가 발생한다. 이 때문에 많은 학교에서 EBS 강의를 이용한 원격 수업을 많이 실행하고 있는 것이 현실이다. 이러한 외부 콘텐츠 수업은 콘텐츠의 질이 확보되고, 교사 입장에서는 활용하기 쉬우며, 다른 교사와 비교되지 않는다는 장점도 있다. 교사가 아무리 노력한들 수업 촬영과 편집, 음향, 자막 등의 효과 처리까지 교사 1인이 감당해야 하는 영역이 광범위하기 때문에 전문적으로 만들어진 외부 콘텐츠의 질과 비교될 수밖에 없기 때문이다.

하지만 아이들은 비록 영상 편집이 서툴고 수업 기술이 화려하지 않더라도 우리 선생님의 목소리로 학생의 이름을 부르며 수업하는 영상을 더 집중해서 참여하고 보다 적극적으로 반응한다. 이는 세상에서 단 하나뿐인 우리 선생님이 직접 만든 수업이고 우리 반만 들을 수 있는 유일한 수업이기 때문이다.

동영상 콘텐츠 수업을 위해서는 학교 단위에서 활용한 학습 관리 시스템(온라인 클래스, e학습터, 위두랑, 클래스팅, 민간 툴 등)을 별도로 지정하여 영상을 탑재하고 영상 시청 여부를 적극적으로 관리해야 한다. 학생은 교사의 등록 과제에 따라 강의 시청, 퀴즈 풀이, 댓글 토론 과제 수행, 질의응답 등 학습을 수행하게 된다.

예시3 과제 수행 중심 수업

과제 수행 중심 수업은 교사가 교과별 성취 기준에 따라 학생의 자기 주도적 학습 내용을 확인 가능한 과제로 제시하고 개인별 맞춤으로 피드백이 이뤄지는 수업 유형이다. 책을 읽고 독서 감상문을 쓰거나 학습지 풀이, 학습 자료 등의 과제를 제시하면 학생 스스로 과제 학습 활동을 수행하고 학습 결과를 제출하게 된다. 제출된 과제물을 교사가 확인하여 개인별 맞춤 피드백을 제공하면서 이루어지는 수업이다. 교사 입장에서는 제작하기 쉽고 개인별 맞춤형으로 피드백을 제공하여 자기 주도 학습력을 높일 수 있는 기회이긴 하지만, 학생 입장에서는 배우는 것은 별로 없는데 숙제만 과중하게 주어진다고 여기기 쉽다. 이런 수업 방식은 특히 중하위권 학생들에게 불리하고, 개인별 맞춤 피드백이 이뤄지지 않을 경우 학습 효과가 낮으며 교사에 대한 신뢰가 떨어질 가능성도 있다.

따라서 과제 수행 중심의 수업을 할 때에는 '아이들이 이 과제를 어려움 없이 잘할 수 있을까? 과제를 포기하는 아이들은 없을까? 어떻게 맞춤 피드백을 할 수 있을까?' 등을 고민하면서 시행하여야 한다.

5) 우리 학교에 맞는 온라인 수업을 찾아보자

각 학교에서는 앞서 제시한 세 가지 온라인 수업 유형에서 어느 한 가지만을 고집하진 않는다. 세 가지 유형을 적절히 병행하여 이루어지는 수업이 가장 효율적이며, 그중에서도 실시간 쌍방향 수업의 비중을 높이고자 노력하고 있다. 그러나 여전히 많은 학교에서 실시간 쌍방향 수업에 대한 부담감이 크고 실제 실시간 쌍방향 수업을 진행하는 학교의 비중이 매우 낮은 것이 교육계의 현실이다.

원격 수업이 장기화되면서 온라인 수업에 대한 피로도가 점점 높아지고 있고 학생들의 집중도도 떨어졌다. 교육부에서 발표한 보도 자료(2020년 9월 15일 보도)에 실시간 조종례 실시, 주1회 실시간 수업 시행, 학부모 상담 등의 대안이 제시되고 있는데, 이는 그간 교사와 학생 사이에 원활하게 소통이 이뤄지지 않은 교육 현실의 반증일 것이다.

학교마다 다르겠지만 본 저자가 근무하는 학교의 실제 사례와 우리 반에서 이루어지는 온라인 수업을 소개하려고 한다. 우리 학교는 사립 초등학교이며, 코로나 확진자 수가 제법 많이 발생한 지역의 초등학교이다. 수요자 중심의 사립 초등학교라는 입장이기에 온라인 수업에 보다 능동적으로 대응해 왔고, 학생과의 소통을 늘리고 강화하는 온라인 수업 시행을 위해 노력하고 있다. 사립 초등학교라 공립 초등학교의 시스템과는 차이를 보일 것이다. 그럼에도 본교의 온라인 수업을 소개하는 까닭은 온라인 수업을 준비하고 시행하는 과정에서 코로나 이후의 미래 교육의 대안으로 보다 효과적인 온라인 수업을 기대하고 상상할 수 있었기 때문이다.

tip 온라인 수업 출석 처리는 어떻게?

기본 원칙

▪ **출결 확인**

원칙적으로 당일 교과별 차시 단위로 실시하되, 수업 유형에 따라 7일 내 최종 확인

* 초등학교는 학생 발달 단계를 감안하여 학교장이 출결 확인 기간을 별도 설정 가능하며, 담임 교사
  와 교과 전담 교사가 각 수업에 대해 관리(긴급 돌봄에 참여하고 있는 학생의 원격 수업 출결 여부 포함)

▪ **출결 기록**

교과 교사가 실시간 또는 사후 출석 증빙 자료를 확인하여 차시별로 출결 보조장부
(출석부) 또는 교육행정정보시스템(NEIS) 메뉴에 출석 또는 결석(결과)으로 기록
- 교과 교사와 담임 교사가 미 수강 학생 수강 독려 및 대체 학습 안내

▪ **출결 처리**

교과 교사의 출결 기록(출석부 등)과 학생이 제출한 결석 사유 증빙자료 확인 후 담임
교사가 1주일(7일) 단위로 종합하여 월(月) 단위 또는 등교 개학 후 출결(마감) 처리
가능

교육부 홈페이지

---

2. 원격 수업을 시작하다

여느 때의 3월이었다면 신학년도의 기대와 희망이 넘치는 달이었을 것이
다. 그러나 2020년 3월은 학교의 교문이 굳게 닫히고 휴업을 하게 됨에 따라
차선책으로 비대면 수업에 대한 고민을 하게 되었다.

1) 원격 수업 시스템 구축 어떻게 했나요?

먼저 원격 수업 운영을 위해서는 시스템 구축과 가정에서 온라인 접속이

잘 이루어질 수 있도록 하는 세심한 안내가 필수적이다. 평소 정보화 교육을 강점으로 진행해 온 덕분에 스마트 기기를 충분히 보유하고 있어서 온라인 수업이 다른 학교보다 조금 쉽게 이루어졌다. 물론 학교마다 상황은 다르겠지만 우리 학교의 원격 수업은 이렇게 이루어졌다.

⋛ 온라인 수업 안내 ⋚

각 가정의 온라인 수업 환경 구축에 대한 설명은 2019년부터 시행해 온 e알리미 통신으로 자세히 안내함은 물론 유튜브 생중계로 구글 계정을 만드는 방법, 구글 미트(MEET)에 접속하는 방법 등을 실시간 쌍방향으로 소통하면서 안내하였다.

⋛ 온라인 수업 가능한 기반 만들기 ⋚

각 가정마다 스마트 기기 수요를 조사하여 스마트 기기 준비가 어려운 아이들에게 태블릿을 대여해 주었으며, 전 교사에게 수업용 노트북을 지급함으로써 단기간에 온라인 수업 운영이 가능한 기반을 구축했다.

⋛ 어떤 플랫폼을 써야 할까를 협의 ⋚

다음으로 전 직원 협의회를 통해 온라인 수업을 위한 학년별 플랫폼 협의를 심도 있게 진행하였다. 클래스팅, EBS 온라인 클래스, 구글 클래스룸, e학습터 등 다양한 플랫폼에 대한 점검을 해 보았으나 우리 학교는 수년째 클래스팅 앱으로 온라인 학급방을 운영해 오던 터라, 온라인 수업 기간에도 변동 없이 클래스팅을 온라인 학급방으로 운영하기로 하였다. 클래스팅을 통해서 매일의 중요 알림을 공지하고, 과제 제시 및 제출이 가능토록 하였으며, 수업 동영상을 탑재하여 아이들의 수업 시청 이력을 확인할 수 있었다.

⋛ 화상 플랫폼 결정 ⋚

화상 회의 플랫폼으로 구글 미트(MEET)와 줌(ZOOM) 프로그램을 점검하면서 어떤 플랫폼이 우리 학교에 가장 적합한지 점검해 보았다. 두 가지 플랫폼이 비슷했지만 전교생 구글 미트로 선정하였다. 선정 이유는 단순했다. 그 당시 줌 화상 플랫폼이 대중적으로 널리 쓰이고 있어서 이용자가 많이 몰릴 것이라 예상했고, 전 세계적으로 이용자가 기하급수적으로 증가할 경우 네트워크 트래픽을 일으키지 않을까 하는 염려 때문이었다. 이렇게 구글 미트로 화상 플랫폼을 선정하여 전교생에게 구글 계정을 발급해 주었으며 실시간 화상 수업을 진행하였다.

⋛ 점점 익숙해지고 있는 온라인 수업 ⋚

화상 수업 초기 단계에는 마이크나 카메라의 온오프 클릭도 서툰 아이들이 많았지만 지금은 모두들 익숙해져 안정된 온라인 수업이 이루어지고 있다. 교사들 역시 확장 프로그램을 적용하고 마이크나 클래스캠 도구를 이용하여 교과서를 화면으로 공유하는 등 원활하게 수업이 이루어질 수 있도록 연구하며 수업의 질을 높이기 위해 노력하고 있다.

2) 20년차 1학년 담임 교사 좌충우돌 온라인 수업 이야기

경험 많은 베테랑 1학년 담임인데도 처음 시행하는 온라인 수업 앞에서는 긴장한 새내기 교사와 다름없었다. 실시간 화상 수업 프로그램을 사용해 본 적도 없고, 아이들도 컴퓨터를 조작하며 수업에 참여할 수 있을까? 여기에 긴장과 걱정으로 시작한 온라인 수업 에피소드를 풀어놓는 까닭은 온라인 수업이 교사에게도 만만치 않은 고달픔의 연속이었음을 알아주었으면 하는 바람이 있어서다.

⫸ 자체 동영상을 제작하다 ⫷

교육부 발표가 있기 전부터 온라인 수업을 시작해야겠다고 마음먹었지만, 1학년 아이들에게 실시간 쌍방향 수업은 시기상조라는 판단하에 자체 동영상 제작을 시도하게 되었다. 하지만 막상 동영상을 촬영한다고 생각하니 TV 유치원 선생님처럼 노래 부르고 춤 추며 아이들을 사로잡아야 한다는 생각에 두려움이 몰려왔다. 동학년 선생님들과 차시를 나누어 영상을 촬영했는데 카메라 앞에 선 내 모습이 얼마나 어색했는지 모른다. 교실에서 수업할 때는 전혀 느껴 보지 못한 공포가 엄습하여 말이 꼬이고, 똑같은 말을 반복하면서 NG 내기를 여러 차례였다. 우여곡절 끝에 촬영은 마쳤지만 한 번도 만나 보지 못한 우리 반 아이들과 학부모에게 내 영상이 공개된다니 부끄럽기 그지 없었다. 스마트한 동료 선생님의 도움으로 말끔히 편집된 수업 영상을 클래스팅에 탑재할 수 있어서 그나마 위안이 되었다.

⫸ 수업 동영상을 클래스팅 학급방에 탑재 ⫷

수업 동영상을 클래스팅에 탑재하고 수업 영상의 주안점을 안내하였다. 우리 반 아이들과 선생님의 첫 만남이 바로 이 수업 영상이었던 것이다. 우리 반 아이들도 담임 선생님을 동영상으로 만나서 신기했다고 한다. 동영상 시청을 마친 우리 반 아이들이 영상 빛내기를 눌러 주고, 수업이 쏙쏙 귀에 잘 들어왔다는 칭찬의 답글을 달아 준 것이 가뭄의 단비처럼 위로가 되어 점점 용기를 낼 수 있었다.

⪧ 한줄기 빛과 같았던 EBS 온라인 수업 ⪦

동영상 제작 수업이 보름 정도 계속 이어지자 매번 영상을 촬영하고 편집하는 일이 여간 힘든 게 아니었다. 15분짜리 영상을 만들기 위하여 편집 시간만 5~6시간. 그것도 편집 기술이 좋은 선생님 기준이다. 때마침 교육부에서 온라인 개학을 발표하고 EBS에서 초등 1, 2학년을 대상으로 온라인 수업을 시행한다는 소식이 전해졌다. 그것도 PC로 보는 것이 아니라 TV 채널도 방영한다니 한줄기 빛과 다름없었다. 내가 아무리 수업을 열심히 촬영한들 전문가 집단이 만드는 EBS 영상의 질을 따라갈 수 없다는 확신으로 우리 반 아이들에게 EBS 온라인 수업을 듣도록 안내하였다. TV로 시청하는 수업이어서 접근성이 뛰어나고, 탤런트처럼 연기가 출중한 선생님들의 생생한 수업, 전문가 집단이 촬영하고 편집하여 영상의 질 또한 매우 우수한 EBS 온라인 수업을 누가 거부할 수 있을까? 특히 1, 2학년 아이들의 발달 단계를 고려하면 더욱 그러하다.

⪧ EBS 영상보다 우리 선생님 수업이 좋아요 ⪦

그런데 아이들의 반응은 신통치 않았다 처음에는 EBS 영상을 재미있게 시청하더니 점점 흥미도가 떨어지기 시작했다. 매일 아침 실시간으로 화상 조회를 하면서 아이들 얼굴을 확인하는데, 점점 EBS 영상보다는 선생님 영상이 더 보고 싶단다. 학부모의 의견도 마찬가지였다. 아이들이 친구들 얼굴을 볼 수 있고 선생님을 만날 수 있는 구글 미트 회의방 조회, 종례 시간을 더 기다린다는 것이다. 우리 선생님의 존재감을 느낄 수 있는 그 공간을 아이들은 기다리고, 우리 선생님이 있어서 더 집중을 한다는 간단한 이치를 그제야 깨닫게 되었다. 선생님의 목소리로 우리 반 아이들의 이름을 불러 주고, 서툴지만 선생님의 목소리로 이야기를 들려주고, 셈을 가르쳐 주는 것에 우리 아이들은 더욱 집중하고 내가 들어야 할 수업으로 받아들인다는 것이다. 이리하여 우리 반의 EBS 영상은 2주일 만에 막을 내리고 실시간 쌍방향 수업으로 전격 전환하여 온라인 수업을 진행했다.

3. 효과적인 온라인 수업은 무엇일까?

온라인 수업은 비단 코로나19 상황에서만 유용한 수업이 아니다. 앞으로 또 다른 감염과 재난이 닥칠지 모르는 예측 불가능한 미래에 대비한 유용한 대안이 될 수 있다. 또한 학교 간, 지역 간의 벽을 허물고 학생 개개인의 맞춤형 교육적 수요를 고려한 개방형 교육과정을 적용하고 실행하는 데도 필요하다. 그렇다면 온라인 수업에서 가장 중요한 것은 무엇일까?

1) 우리 선생님이 하는 수업이다

앞에서 EBS 수업 영상이 아무리 훌륭하다 하더라도 우리 반 아이들의 흥미도와 집중도가 떨어졌다는 사례를 보았다. 이를 통해 우리 선생님만의 존재감을 느낄 수 있는 온라인 수업이 좋다는 걸 알게 되었다. EBS 영상에서는 우리 선생님이 보이지 않는다. 우리 선생님 목소리도 들리지 않는다. EBS 영상은 학교 수업이라기보다는 자율 학습의 개념이 더 크기 때문에 수업의 흥미도나 집중도가 떨어질 수밖에 없었을 것이다. 자기 주도 학습력이 부족한 저학년 아이들에게는 더욱 그렇다. 우리 반 아이들이 수업 영상 속에서 우리 선생님의 모습과 목소리를 찾는 것처럼 우리 선생님의 존재감을 느낄 수 있는 온라인 수업이야말로 우리가 지향해야 할 수업이라 생각한다.

2) 우리 선생님의 존재감이 잘 드러나는 수업은 어떤 유형일까?

e학습터 영상이나 EBS 강의와 같이 외부에서 만든 영상이라도 교사가 수업 차시에 맞게 의도를 가지고 수업을 설계하였다면 의미가 있다. 교사의 수업 의도와 주안점을 아이들이 온전히 느낄 수 있도록 개별 피드백을 강화하여 준다면 이 또한 교사의 존재감이 드러나는 수업이라 할 수 있다. 하지만 이러한 외부 영상보다는 우리 선생님이 직접 출연하고 목소리를 들려주는 게 효과적이다. 우리 선생님을 오롯이 느낄 수 있는 수업이기 때문이다.

이보다 더 좋은 수업은 실시간 쌍방향 수업이다. 오프라인 상황과 거의 비슷하게 수업을 구성할 수 있고, 교사가 원하는 방향으로 수업을 이끌어 갈 수도 있으므로 교사의 존재감이 여실히 드러난다. 아이들은 선생님과 모니터를 사이에 두고 만날 수 있고, 수업은 물론 함께 소통하며 궁금증을 해결하고, 반 친구들과도 소통할 수 있다. 40분 수업 동안 모니터 앞에 앉게 하는 것만으로도 강력한 효과라고 볼 수 있다. 실제로 우리 학교 학부모를 대상으로 진행된 온라인 수업 만족도 조사 설문에서, 아이들의 집중도와 참여도가 가장 높았던 수업 유형이 무엇이냐는 설문에 쌍방향 실시간 수업이라고 대답한 비율이 90% 이상이었다.

tip 참여도와 만족도가 가장 높았던 온라인 수업 유형은?

수업 유형	비율
구글 MEET 실시간 쌍방향 수업	90.34%
자체 제작 동영상 수업	6.44%
외부 콘텐츠 활용 수업(EBS 강의 및 e학습터 등)	2.07%
과제 제시형 수업	1.15%

출처: 충암초 온라인 수업 만족도 조사 (2020년 7월)

3) 초등 1학년도 학습 격차가?

위의 설문은 온라인 수업이 한창 진행되던 2020년 7월 말에 시행된 설문 결과이다. 설문에서 온라인 수업의 성공을 위해서는 무엇이 가장 필요하냐는 물음에 '교사와 학생 간 소통 강화와 교육 활동 피드백'이 가장 높은 비율을 차지하였다. 등교 수업이 이루어지긴 했으나 서울을 비롯한 수도권 지역은 강화된 밀집도 최소화 방안에 의하여 1/3 이내 유지로 등교 수업이 이루어지면서 일주일에 한 번 등교하는 것이 고작인 학교가 상당수였다. 사정이 이렇다 보니 대부분의 수업을 온라인으로 진행하면서 교사와 학생 간의 소통이 부재하고, 개인별 맞춤 피드백이 부족하여 학습 결손이 더욱 벌어지는 현실을 맞게 되었다. 온라인 수업이 길어지면서 2020년 대입을 앞둔 고3 걱정은 많았지만, 갓 학교생활을 시작한 초등 1학년 걱정은 별로 하지 않는다. 물론 고3에 비해서 교육보다는 돌봄 비중이 큰 학년이긴 하지만, 초등 1학년의 학습 격차도 소소한 문제는 아니다. 1학년 하반기에 접어들었지만 여전히 한글을 못 깨친 아이들이 많고, 기본적인 셈조차 하지 못하는 아이들이 예년에 비해서 많아졌음을 현장의 선생님들은 체감했다. 특히 대부분의 초등 1학년은 실시간 수업은커녕 단방향 EBS 온라인 수업에 의존하는 학교가 많고, 몇 번 등교했을 때도 마스크를 쓰고 생활한지라 담임 선생님 얼굴도 잘 기억나지 않았다고 한다.

4) 소통 강화와 개별 맞춤형 피드백이 중요하다

온라인 수업이 성공하려면 교사와 학생 간의 소통과 개별 맞춤형 피드백이 무엇보다도 중요하다. 온라인 수업에서 어려운 점은 없는지, 이해가 안 되는 부분은 없는지 확인하는 절차가 반드시 필요하다. 실시간 쌍방향으로 수업을 진행했다면 수업 태도를 관찰하고 수업의 핵심 개념을 잘 이해하고 있는지 즉석에서 확인할 수 있지만, 그 외의 수업에서는 확인하기가 어렵다. 학생들과 어떻게 소통을 강화할 것인지, 개별 아이들의 성장을 어떻게 도와줄 것인지를 고민하고 반영하여 온라인 수업을 계획하고 운영해야 할 것이다. 부모들도 우리 아이에게 부족한 부분은 무엇인지, 부족한 부분을 어떻게 도와줄 수 있는지 전문가나 선생님께 알리고 열린 마음으로 상담도 하면서 온라인 수업으로 인한 학습 격차를 극복할 수 있도록 도와주어야 한다.

5) 학생의 참여가 활발히 이루어지는 수업이어야 한다

온라인이라는 한계가 있긴 하지만 온라인 상에서도 학생의 참여는 얼마든지 가능하다. 대면 수업보다야 못하지만 실시간 쌍방향 수업을 통해서 자기의 생각을 발표할 수 있고, 줌이나 구글 미트 프로그램에서도 화면 공유를 통해 자신이 조사한 내용을 전체 화면으로 공유하면서 프로젝트 수업도 가능하다. 이러한 학생 참여는 실시간 쌍방향 수업에서만 가능한 것은 아니다. 온라인 학급방의 게시판을 통해 실시간 답글 참여로 수업에 대해 즉각적인 반응을 할 수 있다. 온라인으로 토론이 이루어지고, 함께 협업이 가능한 온라인 수업에 대한 플랫폼은 날로 진화 중이다. 여러 플랫폼과 프로그램 진화의 핵심은 학습자가 수업 과정에 얼마만큼 참여할 수 있는지가 관건일 것이다. 또한 소통이 강화되고 개별 맞춤형 피드백이 원활히 이루어질 수 있도록 하는 것이다.

4. 우리 아이 온라인 수업에 효과적으로 참여하기

교사와 학생 사이의 소통이 잘 되고, 개별 피드백이 강화되고, 학생의 참여가 활발히 이루어지는 온라인 수업이라면 대면 수업 못지 않을 것이다. 그리고 미래에는 적절한 플랫폼이 우리 교육을 대체할 수 있으리라는 상상도 가능하다. 그렇다면 우리 아이가 온라인 수업에 효과적으로 참여해야 한다. 어떻게 해야 할까?

1) 온라인 수업을 위한 준비

﹥수업 장비 마련﹤

온라인 수업은 스마트 기기를 통해서 이루어지는 것이 기본이다. 미리 준비한 영상 콘텐츠를 보거나, 실시간으로 쌍방향 화상 수업에 참여하는 등 여러 방법이 있지만 공통된 것은 스마트 기기의 사용이다.

- **컴퓨터 준비**
  데스크톱 컴퓨터, 노트북, 태블릿 등이 유용하다.

- **웹캠과 헤드셋(이어셋)**
  노트북과 태블릿은 카메라와 마이크가 내장되어 있어서 별도로 준비하지 않아도 되지만 데스크톱인 경우에는 웹캠과 헤드셋 준비가 필수적이다.

- **인터넷 네트워크 연결**
  무선은 속도가 유선보다 느린 편이니 가급적 유선으로 준비하는 것이 좋다.

- **프린터기**
  온라인 수업 시에는 활동지 출력이 많다. 초등 저학년인 경우에는 가급적 컬러 프린터를 준비하는 것이 좋다.

- **프로그램 준비**
  학교마다 사용하는 플랫폼이 다르기 때문에 학교의 안내에 따라 프로그램을 설치하면 된다.

﹥그 밖의 수업 준비물﹤

- **A4 클리어 파일**
  온라인 수업 중에는 활동지 수업이 많다. 수업을 마치고 난 후 활동지는 클리어 파일에 날짜순으로 차곡차곡 정리해 두는 것이 좋다. 등교 수업 시 확인할 수도 있고, 추후 개인별 피드백을 위한 자료이기도 하다.

- **미니 화이트보드 + 보드 마커**

  실시간 쌍방향 수업을 진행하고 있다면 미니 화이트보드가 꽤 유용하다. 수업 중 골든벨 형식으로 퀴즈 풀기에도 이용하지만, 질문이 있거나 혹은 컴퓨터 장애 등의 사유로 선생님과 친구들에게 알려야 하는 상황에 미니 화이트보드를 이용하여 메시지를 전달할 수 있다.

- **12색 색연필 + 사인펜 + 풀 + 가위**

  기본적인 학습 도구들 또한 항상 준비가 되어야 한다. 의외로 저학년 아이들은 이러한 준비물이 누락되어 학습 의욕을 잃는 경우가 많다. 가급적 아이가 수업을 듣는 책상에 이러한 도구들은 기본 준비물로 세팅해 두는 것이 좋다.

⟩ 컴퓨터와 친해지기 ⟨

사실 온라인 수업 준비에서 가장 중요한 것은 컴퓨터와 친해지는 것이다. 수업 장비를 다 갖추었다고 하여도 컴퓨터 사용이 서툴고 프로그램 작동을 어려워하면 온라인 수업이 힘들어진다. 사실 요즘 아이들은 컴퓨터와 스마트 기기에 익숙한 편이지만, 보호자들 중에는 컴퓨터 사용을 어려워하는 경우가 많다. 특히 맞벌이 가정의 자녀를 돌보는 조부모라면 더욱 그렇다. 때문에 원활한 온라인 수업을 위해서는 아이들 스스로 컴퓨터를 수시로 작동하여 마우스를 다루고, 해당 사이트에 로그인하고, 프로그램을 실행시키고, 마이크 온 오프 하기 등을 익숙하게 연습시켜야 한다.

2) 온라인 수업에서 부모가 도와줄 일

온라인 수업이 성공하려면 부모의 절대적인 관심과 협조가 동반되어야 한다. 아무리 교사가 훌륭하게 수업을 진행하여도 온라인이라는 한계 때문에 아이들이 40분 동안 온전히 수업에 집중하기란 쉽지 않다. 특히 초등 1학년 아이들의 집중 시간이 고작 15분이라는 것을 감안하면 더욱 그렇다. 성공적인 온라인 수업을 위해서 부모가 도와줄 일을 알아보자.

⊰ 온라인 수업 시간표를 매일 확인해 주세요 ⊱

초등 1학년은 스스로 시간표를 확인하고 수업 준비하기가 아직은 서툴다. 대개의 경우에는 주간 학습 안내 가정통신문에 한 주간의 시간표를 안내한다. 시간표를 출력하여 잘 보이는 곳에 붙여 주면 좋다.

⊰ 정해진 수업 시간과 장소에서 수업을 듣게 해 주세요 ⊱

가정이란 곳은 휴식의 공간이라는 의미가 크기 때문에 가정에서의 온라인 수업은 자칫 흐트러지기 쉽다. 시간을 허비할 수도 있고, 수업 중 옆길로 새는 경우도 많다. 학교 수업 시간에 맞춰 일정한 패턴으로 수업을 듣게 해 주고, 부모의 통제가 가능한 장소에서 수업을 듣게 해 주면 좋다. 그렇다고 해서 매 수업 시마다 감시하라는 것은 아니다. 감시를 당하고 있다고 느끼면 간혹 아이들은 긴장하고 위축되어 수업에 적극적으로 참여하지 못할 수도 있다. 아이가 집중력이 흐트러지지 않도록 살펴 주는 정도로 환경을 만들어 주면 된다.

⊰ 수업 중 간식은 주지 마세요 ⊱

정상적으로 기상하고 아침 식사를 마친 후에 수업을 듣게 하는 것이 좋다. 간혹 수업 중에 오물오물 간식을 먹는 아이들이 있다. 이런 행동은 수업 중 주의가 산만해질 수 있고, 규칙적인 식습관 형성에도 좋지 않다.

⪦ 유해 콘텐츠는 차단해 주고, 아이 전용 폴더를 만들어 주세요 ⪧

컴퓨터로 수업을 듣는 동안 아이는 의도치 않게 이상한 사이트에 접속할 수도 있다. 이를 대비하여 유해 콘텐츠를 차단하는 앱을 사용하여 유해 콘텐츠를 차단해 주고, 아이가 사용할 수 있는 안전 앱만을 모아서 전용 폴더를 만들어 주면 좋다.

3) 온라인 수업에서 학력 격차를 줄이는 방법

온라인 수업이 장기화되면서 학력 격차가 심화되는 새로운 문제가 생겼다. 갑작스럽게 온라인 수업을 시작하면서 교육에서의 소외 계층이 더욱 증가하게 되었고, 온전히 집중하지 못하는 온라인 수업으로 인해 수업 결손이 생기기 때문이다. 또한 전문가들은 교사의 부재를 한 원인으로 꼽는다. 온라인 수업의 장기화로 수업 흥미가 떨어지고, 자발성도 없는 아이들은 학습 동기도 부족하다. 게다가 곁에는 교사도 없다. 모니터에선 EBS 선생님이 열심히 수업을 해 주지만 학습 동기가 없으면 아이들은 흥미를 못 느껴 집중을 못한다. 자세를 삐딱하게 앉아도, 수업을 듣지 않고 딴짓을 해도 아이를 제재할 교사가 곁에 없다는 것이 학력 격차의 큰 원인이라는 것이다. 그렇다면 초등 저학년 아이들의 학습 결손을 막고 학력 격차를 줄일 수 있는 방법은 무엇일까?

⪦ 학교 일과표처럼 규칙적인 생활 실천하기 ⪧

온라인 수업은 가정에서 이루어지는 수업이기 때문에 수업 일과에 대한 강제성이 없다. 그러므로 대개의 경우 생활 패턴이 불규칙적일 가능성이 높다.

가정에서 온라인 수업을 도와주는 부모가 있다면 한결 나을 수 있지만, 맞벌이 가정에 아이들만 집에 있는 경우에는 온라인 수업에 집중하기도 힘들고 시간에 맞춰 수업을 듣는 것도 어려움이 많다. 생활 패턴이 느슨해지고 수업과 휴식 시간도 애매해져 수업이 더욱 산만하게 느껴지는 경우가 많다.

슬기롭게 온라인 수업을 운영하려면 학교 일과표처럼 규칙적인 생활을 실천하는 것이 중요하다. 1교시 수업 시간에 해당 교과목 수업을 듣고, 쉬는 시간에 쉬고, 점심시간에 점심을 먹으며 규칙적인 생활을 실천할 수 있도록 도와주어야 한다.

⟩ 자기 주도적으로 학습과 놀이 습관 들이기 ⟨

초등 저학년의 온라인 수업은 대개의 경우 오전으로 마무리된다. 점심 식사를 하고 난 후의 오후 시간은 스스로 계획해서 생활하는 시간이다. 하지만 아직 어리기 때문에 오후 시간을 스스로 계획하는 것은 힘들다. 이때는 부모가 나서서 오후 시간을 어떻게 슬기롭게 보낼지 계획을 세우고 스스로 학습할 수 있도록 환경을 만들어 주어야 한다. 매일 해야 할 스스로 학습을 정해두면 좋다. 우리 반 아이들에게 매일 주어지는 스스로 학습은 다음과 같다.

- 매일 그림 동화책 3권 읽기
- 그중에서 1권은 소리 내어 또박또박 읽기
- 수학 익힘책 문제 스스로 풀기
- 또는, 수학 문제 하루 10문제씩 풀기
- 줄넘기 운동 20분씩

이렇게 매일 스스로 해야 할 학습 목록을 만들어 눈에 띄는 곳에 두고 아이에게 상기시켜 준다. 해야 할 일을 스스로 마무리했다면 칭찬 쿠폰제를 활용하여 적당히 동기 부여를 해 주는 방법도 좋다. 그리고 스스로 창의적인 놀이를 할 수 있도록 허용적인 분위기를 만들어 준다. 다만, 이때 컴퓨터와 같은 스마트 기기에 몰입하는 것보다는 스스로 놀잇감을 찾아 만들고, 그림을 그리고, 신체 놀이를 하게 하는 것을 추천한다. 이렇게 스스로 학습하고 놀이하는 자기 주도적 학습과 놀이 습관을 들였다면 온라인 수업은 절반의 성공을 거둔 셈이나 마찬가지다.

⟩ 교과서로 기초 실력 확인하기 ⟨

아이의 기초 실력이 어느 정도인지 학년별, 교과별로 확인해야 한다. 1학년 하반기인데 한글을 읽지 못한다면 문제가 있다. 2학년 하반기인데도 곱셈구구에 대한 이해가 부족하다면 이 또한 온라인 수업을 충분히 소화하지 못했다는 뜻이다. 온라인 수업을 진행하면서 충분히 소화하지 못한 것은 무엇인지, 유난히 어려운 개념은 무엇인지 확인하는 것이 중요하다.

이를 위해서는 먼저, 교과서 읽기를 꾸준히 실천하는 것이 좋다. 교과서를 또박또박 소리 내어 읽어 보고 교과서의 물음에 대답을 잘하는지 확인해 본다. 교과서를 읽을 때는 글자만 읽는 것이 아니라 그림도 같이 읽는다. 특히 초등 저학년 교과서는 그림이 시사하는 바가 많고 특히 통합교과는 더욱 그렇다. 교과서를 읽으면서 혹 이해가 안 되는 부분은 없는지 꼼꼼히 살펴본다. 수학은 수학 익힘책을 스스로 풀어 보면서 잘 풀고 있는지 확인하면 된다. 초등 3학년부터는 한국교육과정평가원이 운영하는 기초학력향상지원사이트 (basics.re.kr)에서 무료로 제공하는 기초 진단 평가로 아이의 기초 실력을 확인하는 것을 추천한다.

⋛ 수업 전에 흥미를 유발하고, 수업 후엔 복습하기 ⋚

아이가 흥미를 잃으면 아무리 좋은 수업도 집중해서 듣기란 어렵다. 아이가 오늘 배울 내용에 대해서 흥미를 가질 수 있도록 수업 주제와 관련하여 이야기를 나누면 좋다. 흉내 내는 말을 배우게 된다면 흉내 내는 말이 들어간 간단한 동요를 불러 보아도 좋고, 수학의 수를 공부한다면 숫자송을 함께 부르는 등 흥미를 유발해 준다. 수업 후에는 선생님과 배운 내용으로 이야기를 나누고, 새롭게 알게 된 점이나 아리송한 것은 없었는지 물어보면서 그날의 수업을 바로 복습할 수 있도록 하자. 이러한 부모의 관심만으로도 학습 결손은 충분히 예방할 수 있다.

4) 블렌디드 러닝 시대 부모의 역할

2020년 갑작스럽게 시작된 온라인 수업이지만 앞으로의 미래 교육은 대면 수업과 비대면 수업이 혼용되는 블렌디드 수업으로 운영될 것이라고 전문가들은 예측한다. 비단 감염병이나 재난 상황에 대응하는 것뿐만이 아니다. 앞으로 우리 사회는 학교 간, 지역 간, 국가 간의 경계를 허무는 교육을 추구하게 될 것이다. 그렇기 때문에 이제 막 시작한 블렌디드 수업이 더 활짝 만개하는 시대가 올지도 모르겠다. 이러한 교육은 기존의 전통적인 방식에서 벗어나 창의적인 교육과정을 운영할 수 있고, 교수 학습 방법 또한 상상의 날개를 달고 다양한 방법으로 전개될 수 있다는 점에서 긍정적이다. 성공적인 블렌디드 수업을 위해서 수업자 입장에서는 새로운 교육과정을 구성하고, 기존의 교수법과 평가 방식을 완전히 새로운 방식으로 설계하고 구성하여 계획하게 될 것이다.

이제 아이와 학부모도 열린 생각, 긍정적인 마음으로 블렌디드 러닝 시대를 준비하면 어떨까? 디지털 사회로의 전환을 자연스럽게 받아들이고, 디지털 환경에서 배움을 즐기는 아이들을 이해하고 격려해 주기 바란다. 부모는 자녀 교육의 안내자이자, 조력자이다. 흔들리지 않고 중심을 잡아 주는 안내자, 힘든 부분을 도와주는 조력자 역할의 부모가 되어 주기를 바란다. 그리고 대면과 비대면을 넘나드는 블렌디드 수업 환경을 즐겁게 상상해 보라.

전 세계의 아이들과는 랜선 온라인으로 만나서 어깨를 나란히 하여 수업을 들을 수 있다면 어떨까? 전국의 아이들과 온라인 회의방에서 만나서 각 지역의 특성을 발표하는 수업을 하는 상상은 또 어떤가? 우리 동네 우리 학교 아이들과 학교라는 공간에서 직접 만나서 협업하고 그 결과물을 서로 온라인으로 공유하면서 수업을 한다면? 이 얼마나 근사한 상상인가? 우리는 상상만으로도 즐거운 이러한 교육이 이제 실현되는 시작점에 서 있다. 물론 염려되는 것도 있고 좀 더 세밀하게 계획을 세워야 하는 어려움도 있을 것이다. 하지만 아이들의 도전과 성장을 응원한다면 이러한 블렌디드 러닝 시대를 두려워하지 말아야 한다. 부모는 아이들이 미래 교육의 바다에서 항해할 수 있도록 조력자와 안내자로서 아이 교육을 응원해 주면 좋겠다.

4교시

몸과 마음이
건강한 아이

조성희
입니다.

가정에서 서로 다른 두 아이를 키우고 교육 현장에서 많은 아이들을 가르치면서 '아이들은 삶 속에서 스스로 배운다.'는 것을 깨달았습니다. 부모가 걱정하는 것보다 훌륭하게 성장하는 아이들을 보며 믿고 기다려 주는 마음이 얼마나 중요한지도 알았습니다. 저는 다양한 경험이 아이들 성장에 중요하다고 생각합니다. 몸과 마음이 건강하고 지성, 감성, 인성이 발달한 아이로 성장하려면 다양한 경험을 통해 스스로 답을 찾아가야 합니다.

1. 충분히 자는 것이 몸의 보약이다

"선생님, 졸려요."

"선생님, 정민이가 자고 있어요."

다른 시간보다 정신이 맑아야 할 아침 1, 2교시! 스르르 감기는 정민이의 눈꺼풀이 천근은 되어 보인다. 쏟아지는 잠을 참느라 나름 애를 쓰지만 그것도 잠시, 머리까지 전후좌우로 분주하게 움직였다. 머리 중심이 무너지며 꾸벅, 깜짝 놀라 눈을 뜬다. 다시 눈이 스르르 감기는 모습을 지켜보던 친구가

"선생님, 정민이가 또 자고 있어요."

하고 크게 말한다. 그 소리가 정민이의 졸음 퇴치 알람이 되었다.

아이들의 체중 유지와 정신 건강에 도움을 주고 건강한 생활을 유지하는 데 필요한 적정 수면 시간은 하루 평균 9시간 이상이라고 한다. 활동량이 많은 아이들은 하루 종일 피로해진 몸과 마음을 잠을 통해 회복하고 몸의 이상

도 잠을 통해 치료한다. 수면 중에는 뇌하수체에서 성장에 필요한 호르몬이 대량 분비되는데 초등학교 생활 패턴을 고려한다면 밤 10시부터 새벽 2시 사이에 왕성한 분비가 이루어지기 때문에 건강한 성장을 위해서라도 일찍 자는 것이 좋다.

충분한 잠은 몸과 마음이 튼튼하게 자라기 위해 꼭 필요하다. 뿐만 아니라 독창성을 키우는 데 도움을 준다. 자는 동안 기억도 통합되고, 뇌가 재구성되어 창의력이 향상된다는 연구 결과도 있다. 기억력 유지와 창의력 향상에 도움을 주는 잠은 학업 성적 향상에도 도움이 된다.

tip 》 충분한 잠이 주는 보약은 이렇게 챙기자

첫째, 10시를 전후해 잠자리에 들게 하자.
중학년까지는 10시 전에 잠을 자도록 해서 피곤한 상태로 학교생활을 하지 않도록 한다. (집중력 저하의 요인)
→ 일찍 자는 습관, 한 번에 생기지 않아요. 천천히 습관을 길들여 주세요.

둘째, 숙면할 수 있는 환경을 조성해 주자.
불을 켜 놓거나, 텔레비전이 켜져 있거나, 책을 펴놓고 읽거나, 늦게까지 가족들이 활동을 하면 숙면에 방해가 된다.

셋째, 불면의 원인을 제거해 주자.
불안하고 걱정이 있거나 몸 상태가 좋지 않은 아이들은 쉽게 잠들지 못한다. 빨리 그 원인을 해결해 주는 것이 좋다.

넷째, 잠자기 전에 무리한 운동을 하거나 음식을 섭취하지 않게 지도하자.

취침 전 무리한 운동은 맥박이 빨라지고 온몸이 긴장되어 피로 물질이 쌓이기 때문에 편안한 수면에 방해가 된다. 또 잠자는 동안 함께 쉬어야 할 위가 음식을 소화하기 위해 계속 움직이게 되면 몸이 피로해져서 숙면을 취하기가 어렵다. 따라서 잠자기 1~2시간 전에는 음식을 섭취하지 않도록 주의를 기울여야 한다.

다섯째, 정해진 시간에 규칙적으로 일어날 수 있는 습관을 들이자.

아이가 7시 정도에 일어나 1시간 정도 몸을 움직이고 학교 갈 준비를 하게 한다. 보통 잠을 충분히 잔 아이라면 일어나는 데 힘들어 하지 않는다. 어려서부터 익힌 규칙적인 잠자기 습관은 건강 유지에 큰 도움이 된다.

2. 기초 체력을 길러 주세요

"집중의 박수를⋯⋯."

"짝짝, 짝짝짝! 집중!"

수업이 시작되면 수업 중간중간 집중의 박수가 있다. 턱을 당기고 최대한 허리를 곧게 편 상태로 의자 깊숙이 엉덩이를 넣어 앉는다. 그리고 예쁜 두 손을 가지런히 모으고 선생님을 바라보자는 의미로 약속한 박수를 친다. 아이들은 교실에서 많은 시간을 앉아 있다. 바른 자세를 갖는 것이 면역력 강화와 자신감의 향상, 긴장감 완화에 도움을 준다고 하여 집중의 박수를 자주 치지만 박수 후 몇 초가 지나지 않아 자세가 흐트러지는 아이들이 많다. 앉아 있는 자세가 편한 자세라고 생각하기 쉽지만, 앉아 있을 때 척추가 가장 많은 무게를 견뎌야 한다. 척추를 받쳐 주는 근육에 힘이 없으면 어깨와 허리는 힘없이 구부정해진다.

우리 반 아이 중에 유독 눈길이 가는 아이가 있었다. 늘 우렁찬 목소리에 입에는 속사포 모터가 있는 듯 끊임없이 말을 하며 부지런히 움직이는 윤재라는 아이이다. 에너지가 넘쳐 보이지만 쉽게 지치며 힘이 없어 보였다. 또래에 비해 많이 마르고 몸집이 작았다.

하루는 윤재의 울음소리 때문에 교실에 긴장감이 흘렀다. 기다리던 10분의 자유 시간(쉬는 시간)을 만끽하며 친구들과 어울려 신나게 놀던 윤재가 사물함에 부딪혀 넘어진 것이다. 덩치가 크고 힘이 센 친구와 몸통을 부딪치며 밀치는 놀이를 하다가 넘어진 것이다. 모든 일에 적극적이고 승부욕이 강한 윤재는 아파서 우는 것이 아닌 듯했다. 힘없이 먼저 넘어진 것이 억울하고 속상한지, 두 주먹을 불끈 쥐고 씩씩거리며 울고 있었다.

"아이고! 윤재야, 괜찮니?"

"미안해. 일부러 그런 거 아니야."

같이 놀던 친구도 윤재를 걱정해 주었다. 그제야 윤재는 울음을 그치고 툭툭 털고 일어났다.

초등학생 때의 기초 체력은 평생 건강의 뿌리가 되므로 매우 중요하다. 체력이 약한 아이는 그만큼 병에 노출되거나 다칠 확률이 높다. 따라서 초등학교 저학년부터 아이의 체력 관리에 관심을 갖고 기본 체력 향상을 위해 아이를 지도할 필요가 있다. 우리 아이의 신체 발달과 체력 향상 그리고 성장기에 도움을 줄 수 있는 운동을 찾아보도록 하자.

아이들의 기초 체력을 향상시킬 수 있는 운동은 다양하다. 두려움을 이기고 도전 정신을 기르는 데 도움이 되는 인라인스케이트나 스키, 날씨와 상관없이 실내에서 즐길 수 있는 탁구나 배드민턴, 단체 운동인 축구나 농구, 심폐 기능을 강화시켜 주는 수영과 등산까지 다양하다. 그중에서 시간과 장소에 구애받지 않는 줄넘기는 멀리 나가지 않고 집 근처에서 언제든지 할 수 있는 운동으로 하체 근력은 물론 끈기와 인내심을 기르는데 효과적이다. 학교 교육 활동에 줄넘기 인증제가 있다. 모둠발로 넘기, 발 바꾸어 넘기, 외발 넘기, 팔 엇갈려 넘기, 뒤로 돌려 넘기 등을 급수표로 만들어서 운영하고 있다. 아이들에게 성취감을 주고 기초 체력을 기를 수 있도록 줄넘기부터 시작해 보는 것을 권장한다.

3. 운동은 아이들에게 정서적 안정감을 주어요

"우아, 유니폼 잘 어울리네. 멋지다. 너희들 어디 가니?"

"네, 축구 교실 가요."

　　어느 토요일 아침, 우리 반 남자아이들이 유니폼을 입고 몇몇 학부모와 함께 버스 정류장에 서 있었다. 언뜻 보아도 15명은 되어 반갑기도 하고 어디를 가는 건지 궁금해서 물었더니 축구 교실을 같이 다닌다고 했다. 친구들과 함께 있는 아이들의 표정은 밝게 상기되어 있었고 얼굴 가득 번져 있는 미소는 "세상에서 가장 신나고 즐거워요."라고 말하는 듯했다.

　　그 아이들 중에 눈에 띄는 성준이는 학기 초 아이들과 어울리는 데 어려움이 많았던 아이이다. 성준이는 친구에게 먼저 다가가는 법이 없었다. 짝꿍이 말을 걸어도 시큰둥했다. 모둠 활동을 할 때도 적극적이지 않으니 같은 모둠 친구들은 성준이를 반기지 않았다.

그랬던 성준이가 친구들과 함께 축구를 하고 있다니 놀라웠다. 요즘 학교생활이 부쩍 밝아진 성준이의 모습들이 뇌리에 스쳤다. 축구하는 아이들의 학교생활은 무엇인지 모를 동질감으로 묶여 쉬는 시간에 한 친구가 "야, 이거 하자." 하면 금세 한 그룹이 형성되었다. 그렇게 자주 같이 어울리고 같이 대화하며 같이 다녔다.

초등학교 시기의 스포츠 활동은 기초 체력 향상뿐 아니라 정서 발달과 가치관 형성에 무척 중요한 역할을 한다. 운동을 시작했다고 해서 아이의 성격이 단기간에 바뀌는 것은 아니지만 운동 종류에 따라 소극적이고 내성적인 아이에게는 적극성과 도전 정신을, 차분하지 못하고 산만하며 즉흥적인 아이에게는 침착함과 집중력을, 매사에 의욕이 없고 소외당하는 아이에게는 마음의 안정과 책임감 등 긍정적 효과를 기대할 수 있다. 친구들과 함께 하는 스포츠 활동을 통해 아이들의 학교생활이 바뀌어 가는 모습을 자주 보았다. 우리 아이의 성격 유형을 알아보고, 아이와 충분한 대화를 나눠 본 후 알맞은 운동을 선택해서 친구들과 함께 즐겁게 운동할 수 있도록 하면 좋겠다.

4. 운동 자체를 싫어한다구요? 자존감을 살펴 주세요

"선생님, 우리 아이는 운동을 너무 싫어해요. 집에서 레고나 장난감을 가지고 혼자 노는 것만 좋아하고요. 친구들하고 같이 뛰어놀았으면 좋겠는데……."

3월 초, 학부모 한 분이 진지하게 상담을 청해 왔다. 아이는 집에서 많은 시간을 늘 혼자 보낸다고 했다. 어렵게 놀이터에 데리고 나가면 아이들 주변에서 서성이다 그냥 집에 들어가자고 한단다. 학부모는 학교에서 친구들과 즐겁게 어울리며 뛰어놀 수 있는 기회가 많았으면 좋겠다고 했다.

학기 초 "안 하고 싶어요.", "못해요.", "머리가 어지러워요.", "선생님, 저 ○○가 아파서 못하겠어요."라는 말을 하며 보건실을 내 집 드나들 듯하던 세현이는 놀이든 시합이든 항상 잘해야 한다고 생각하는 아이였다. 그럼에도 불구하고 순발력이 조금 부족해 마음은 먼저 가 있지만 몸이 따르지 못하니 실수가 잦았다. 잘하면 칭찬을 받지만 못하면 혼이 나거나 난처해질 수 있으니 잘하지 못할 것 같으면 주변 눈치를 보며 늘 변명을 늘어놓거나 그 순간을 피해 버린다.

1~10까지 배우는 수학 시간이었다.

"오늘은 볼링 게임을 해 볼까요? 넘어진 개수와 남아 있는 개수를 알아보아요."

"네네, 선생님!"

아이들은 들떠서 수 계산을 시작했는데 꽤 진지해 보였다.

"이번에 우리 세현이 차례네요. 준비되면 볼링공을 던져 주어요."

같은 모둠 친구들의 응원이 시작되었다. 하지만 세현이는 공만 만지작거리며 시간을 흘려 보내고 있었다. 망설이는 시간이 길어지니 친구들의 응원이 점점 볼멘소리로 바뀌어 갈 즈음이었다.

"세현아, 게임은 즐겁게 참여하면 되는 거야. 하나를 쓰러뜨려도 상관없어.

10개를 쓰러뜨리는 친구도 없는걸. 일단 던져 보자."

그 말에 용기를 얻은 세현이는 처음으로 학급 게임에 참여를 했다. 용기를 내서 던진 공이 10개를 모두 쓰러뜨렸다. 교실은 갑자기 축제 분위기가 되었다.

"와, 대단하다. 세현이 공 잘 던진다."

하루 종일 세현이의 스트라이크가 화제가 되었다. 세현이의 움츠려 있던 마음이 스트라이크 아웃 되는 순간이었다. 작은 게임으로 얻게 된 자신감이 세현이의 학교생활을 활기차게 만들어 준 셈이다. 그 이후 세현이는 시간만 있으면 친구들과 어울려 운동장으로 나갔다. 처음엔 축구 골키퍼를 하더니 어느 순간에는 공을 잡고 뛰기 시작했다.

처음부터 운동을 잘하는 아이는 없다. 안 해 봐서 못할 뿐이다. 자꾸 하다 보면 누구나 능숙해진다. 줄넘기는 절대 할 수 없을 것 같은 아이가 있었는데 나중에는 2단 뛰기(쌩쌩이)까지 훌륭하게 해내는 것을 본 적이 있다. 운동에도 각자 좋아하는 것이 있고 더 잘하는 것이 있지만, 똑같은 활동을 해도 시간이 더 걸리는 아이가 있다. 그래서 잘한다 못한다로 쉽게 단정 짓지 말아야 한다. 아이가 "나 못해, 나 안 해."라고 말한다면 그 이면에 두려움과 좌절 등의 감정이 있는 것이다. 그럴 때 무작정 "넌 할 수 있어."라는 말을 해 주는 것보다 작은 목표를 정하고 하나하나 성취해 가는 성취감을 맛보며 자신감을 가지도록 하는 것이 중요하다. 어려워할 때는 엄마가 해결해 주지 말고 스스로 해결 방법을 찾을 수 있도록 기다려 주어야 한다. 스스로 문제를 해결한 아이만이 자긍심과 자신감을 맛볼 수 있고 운동 실력도 향상된다는 사실을 잊어서는 안 된다.

5. 청결하고 위생적인 양치 습관

"선생님, 왜 은미는 앞니가 까매요?"

"양치질 깨끗이 안 해서 나쁜 세균이 이에 살아서 그래."

하민이는 친구의 질문이 끝나기도 전에 자기도 그래서 치과에 간 적이 있다며 경험담을 쏟아 냈다. 가끔 이가 까만 마귀할멈이라고 은미를 놀려 울게 만들었던 장난꾸러기 용수도 치과에 갔던 이야기에 시간 가는 줄 몰랐다.

아이들은 급식 후 교실로 가서 양치를 한다. 333(하루 3번, 3분 안에, 3분 동안 양치질)을 실천하고 습관이 될 수 있도록 교육을 하지만 칫솔모의 상태나 칫솔 보관 방법을 자세히 설명한 적은 없었다. 그러던 중 양치를 막 하고 교실로 들어오던 은미와 마주치게 되었다. 작고 귀여운 은미의 칫솔모가 많이 벌어지고 갈라져 있었다.

"우리 은미 칫솔 바꿔야겠다. 칫솔 끝이 많이 상했네."

"괜찮아요. 저는 이 칫솔이 좋아요. 제가 좋아하는 캐릭터가 있거든요."

"상한 칫솔로 양치를 하면 치아가 아플 수도 있단다."

교실로 돌아와 칫솔 사용법에 대해 이야기를 나눴다. 아이들은 자신의 칫솔을 확인하기 위해 사물함에서 칫솔을 꺼내 살펴본 후 집에 가져가려 가방에 넣기도 하고 다시 사물함에 넣어 두기도 했다. 그중 몇 명의 아이들은 공기가 통하는 케이스 대신 비닐 팩과 같은 밀폐된 용기에 넣어 두기도 했다. 치아가 상하지 않도록 꼼꼼하게 입 안 구석구석 양치질을 하는 것이 가장 기본적인 치아 건강 유지법이지만 칫솔을 잘 관리하는 것 또한 중요하다. 우리 아이와 함께 칫솔 사용법을 간단히 체크해 보자.

⌇ 우리 아이의 칫솔 사용법과 칫솔 상태 확인하기 ⌇

	점검할 내용	체크
①	아이 치아에 맞는 치아 2~3개를 덮을 크기의 칫솔모를 사용하나요?	( )
②	칫솔질 후에 흐르는 물에 칫솔을 꼼꼼하게 씻도록 하고 있나요?	( )
③	칫솔을 사용한 후 음식물 찌꺼기가 칫솔에 남지 않도록 하고 있나요?	( )
④	일주일 1회 정도 끓는 물이나 항균 용액, 칫솔 살균기로 소독하고 있나요?	( )
⑤	칫솔모가 마모되거나 휘기 시작하면 교체하도록 알려 주셨나요?	( )
⑥	칫솔 케이스 겉과 안에 이물질이 없는지 확인하는 방법도 알려 주셨나요?	( )
⑦	밀폐된 비닐 팩이 아닌 공기가 잘 통하는 곳에 보관하고 있나요?	( )

6. 함께 하는 교실에서는 개인위생을 철저히 해야 해요

2020년 학기 초에 있었던 일이다.

"선생님, 원준이가 자꾸 마스크를 벗고 있어요. 야, 너 빨리 써. 네가 안 쓰면 우리 모두 코로나 걸린단 말이야."

"알았어, 알았다고. 쓰면 되잖아."

원준이는 볼멘소리로 자기를 보고 있는 아이들에게 확인이라도 시켜 주려는 듯 마스크의 끈을 쫙~ 늘렸다가 귀에 걸었다.

정규 및 방과 후 수업과 돌봄 활동 등 집단생활을 많이 하고 있는 우리 아이들에게는 각별한 주의와 관심이 필요하다.

코로나 19로 인하여 학교생활과 환경이 많이 달라졌다. 신종 코로나와 다른 바이러스성 호흡기 질환 예방을 위해 일상생활에서 할 수 있는 것은 무엇이 있을까? 각자 개인위생을 잘 지켜서 나 스스로 감염으로부터 자신을 보호하고, 지역사회로 확산되지 않도록 해야 한다.

우리의 자녀들이 앞으로도 지속적으로 증가할지 모르는 감염병으로부터 자신을 보호할 수 있는 개인위생은 관리가 잘되고 있는지 알아보자.

tip 〉 **자녀의 감염병 예방을 위한 개인위생 관리는 몇 점일까요?**

실천할 것에 체크해 보세요.

	올바른 손 씻기의 생활화	
1	흐르는 물에 비누를 이용해서 꼼꼼히 30초 이상 손 씻기 (순서: 거품 내기-비비기-손등 문지르기-돌려 닦기-손톱 문지르기-헹구기)	( )
2	외출 후, 식사 전이나 식사 후, 코를 풀거나 기침, 재채기 후, 용변 후 등 손 씻기	( )
	기침 예절 실천하기	
3	기침할 때는 휴지나 옷소매 위쪽으로 입과 코를 가리고 하기	( )
4	사용한 휴지나 마스크는 바로 쓰레기통에 버리기	( )
5	기침 후 반드시 올바른 손 씻기 실천하기	( )
6	호흡기 증상이 있거나 의료 기관 방문 시 마스크 착용하기	( )
	생활 속 실천	
7	씻지 않은 손으로 눈, 코, 입 만지지 않기	( )
8	감염병 유행 시기에는 사람이 많이 모이는 장소 가지 않기	( )
9	증상 발생 시 의료 기관을 방문하여 진료를 받은 후 집에서 충분한 휴식 및 수분·영양 섭취하기	( )
10	증상 발생 후 충분히 휴식을 취하며 3~4일 경과를 지켜본 후, 그래도 증상이 심해진다면 진료를 받기	( )
11	발열, 호흡기 증상자와의 접촉 피하기	( )
12	해열제 없이 체온 회복 후 48시간까지 학교 및 학원 등에 등교하지 않도록 하기	( )

12점 만점에 12점을 맞출 수 있도록 개인위생에 철저한 관리를 생활화합시다.

1. 밥 먹는 시간도 느리고 편식도 심해요

"선생님, 이것도 먹어야 해요? 저 이거 싫어해요."

"그럼 은별아, 밥만 먹어야 하는데……."

아이들이 기다리는 점심시간! 학교마다 급식 장소는 다르다. 교실이나 급식실에서 점심을 먹는다.

우리 학교는 급식실에서 식사를 한다. 아이들과 줄을 서서 급식실로 이동하고 점심을 먹고 나서도 줄을 서서 교실로 이동한다.

학기 초에는 아이들의 안전을 위해 학교 시설 이용 방법과 교육 활동 시간에 익숙해질 수 있도록 함께 움직이는 시간이 많다. 그러다 보니 은별이처럼 밥 먹는 속도가 느리면 급식을 마친 친구들도 한참을 기다려야 한다. 은별이는 편식도 심하다. 어느 때는 밥만 조금 먹을 때가 있다. 채소를 싫어하니 김치 종류는 손에 대지도 않는다. 과일도 수박만 먹는다고 한다. 국물 종류는 거의 먹지 않고 밥 한 숟가락을 입에 넣고 꼭꼭 씹고 또 씹어 먹는다.

"은별아, 밥 맛있어?"

"아니요. 맛없어요."

"은별이가 좋아하는 반찬은 어떤 거야?"

"엄마가 만들어 주는 햄볶음이요. 참, 스파게티도 좋아해요."

우리 은별이가 좋아하는 치즈스파게티가 매일 나오면 좋으련만……. 아무래도 편식이 심하다 보니 몸이 왜소하다. 밥 먹는 속도도 느리다 보니 친구들에게 빨리 먹으라며 재촉하는 소리를 듣는다.

"어휴, 넌 밥을 왜 이렇게 천천히 먹냐? 느림보 거북이냐?"

그 말을 들은 은별이의 입꼬리는 점점 아래로 처졌고 눈가에는 눈물이 고였다. 친구들은 천천히 밥을 먹는 은별이가 못마땅하다. 은별이 때문에 교실에 일찍 올라가 놀지도 못하고 딱딱한 급식실 의자에 앉아 기다리고 있어야 하니 싫은 모양이다.

남녀노소를 불문하고 편식하는 사람들은 있다. 사람마다 체질이 다르고 입맛이 다르니 어찌 보면 당연한 일이다. 하지만 편식을 하게 되면 저항력이 약해져서 세균, 바이러스 등에 의한 질병에 잘 걸리고 성격이 예민해지고 신경질적으로 변하게 된다. 또한 키가 잘 자라지 않으며 성장이 더디고 피로감을 쉽게 느끼게 되며 빈혈, 변비, 비만 등이 발생될 수도 있기 때문에 음식을 골고루 먹도록 지도하는 것이 바람직하다. 그래서 특정 음식에 알레르기가 있어 먹지 못하는 음식이 아니라면 의도적으로 음식을 골고루 먹이는 것이 좋다.

〉 편식하는 우리 아이를 위한 노력 〈

1. 식품에 대한 흥미를 가지도록 한다.

아이와 함께 봄에 채소 모종을 직접 키워 수확한 후 먹어 보도록 한다. 아이와 같이 요리를 하거나 요리를 돕도록 한다면 자연스럽게 흥미를 가질 수도 있다.

2. 싫어하는 음식은 한 젓가락씩! 먼저 익숙해지도록 한다.

아이들은 싫어하는 음식을 먹으려고 하지 않는다. 특히 질기거나 향이 강한 음식은 더 싫어한다. 그럴 때 강압적으로 먹이게 되면 음식에 대한 거부감이 더 심해지고 구역질을 하기도 한다.

한 젓가락, 한 줄기부터 시작하자. 익숙해지면 조금씩 늘려 가는 것이 좋은 방법이다.

3. 친구들과 같이 식사를 한다.

아이들 급식 시간에도 종종 보게 되는 장면이다. 잘 먹는 친구와 같이 식사를 하면서 친구를 칭찬하고, 맛있는 이유를 함께 나누다 보면 경쟁심과 호기심에 잘 먹게 된다.

한 친구가 "와, 이거 맛있다. 나 이거 잘 먹어. 울 엄마가 이거 먹으면 머리가 좋아진다고 했어." 하고 말하며 맛나게 먹는 것을 보고 "나도 먹을 수 있어."라며 따라 먹기도 한다.

그렇게 조금씩 조금씩 나아지기도 한다.

4. 아이가 좋아하는 조리법으로 음식을 만들어 먹는다.

좋아하는 조리법이 어떤 것인지 파악해서 조리한다. 여기서 중요한 것은 아이의 의견이나 생각이다. 엄마표 정성 가득 음식을 해 놓고 아이가 먹지 않으면 화부터 날 수 있다.

5. 매달 초 나눠 주는 월별 급식표를 함께 본다.

아이가 학교에서 나오는 음식에 거부감을 갖지 않도록 급식표를 보면서 이야기를 나눠 본다. 내일은 어떤 음식이 나오는지, 그 음식이 우리 몸 어디에 좋은지, 맛있게 먹을 수 있는 방법은 어떤 것이 있을지 대화하면서 음식에 대한 거부감을 줄인다.

혹시 아이에게 음식 알레르기가 있다면 학기 초에 담임에게 알려야 한다. 가정통신문을 통해 알레르기 음식을 조사하기도 하니 참조하면 된다.

급식 시간은 보통 40분 정도이다. 그런데 속도가 빠른 아이들은 10분 정도면 식사가 끝나지만 평균 20분 정도 걸린다. 평균 20분 정도 걸리는데 만약 아이가 음식 먹는 속도가 너무 느리다면 집에서 조금 빨리 먹을 수 있도록 지도해 주는 게 좋다. 밥은 스스로 먹게 하고(급하다고 떠먹이거나 휴대폰이나 텔레비전을 보면서 먹게 하는 것은 금물) 시간을 체크하는 게 도움이 된다. 학기 초는 전체가 같이 움직이니 괜찮지만, 급식이 익숙해지면 밥을 먹은 아이들부터 교실로 가기 때문에 속도가 느리면 혼자 남아서 밥을 먹는 상황이 벌어질 수도 있다. 학기 초는 나름 긴장도 하고 여러 가지 상황에 적응하느라 예민한 시기이므로 급식 시간이나 편식으로 인해 스트레스를 받지 않도록 다독여 주는 것이 좋다.

2. 새로운 환경에 스트레스가 큰 아이! 단짝 친구를 만들어 주세요

집 근처에 태권도 학원이 여럿 있었지만 눈여겨보지 않았다. 어느 날 '아이들 정서 함양, 예의 바른 어린이, 자신감'이라는 광고의 낱말이 눈에 쏙쏙 들어왔다. 이사한 지 얼마 되지 않아서 모든 것이 새로웠다. 1년 후 입학할 아들. 7살 된 아들의 학교생활을 위해 운동이 필요할 것 같았다. 밖에 나가서 노는 것보다 실내 활동을 좋아하는 내성적인 아이였다. 태권도가 자신감을 키워 준다니 보내기로 마음먹었다.

'일단 배우기 시작하면 재미있어 할 거야.'

그날도 아들은 미니 자동차와 레고를 가지고 동생과 잘 놀고 있었다. 학원 갈 시간은 다가오는데 가기 싫다며 떼쓰기 시작했다. 그런 날이 여러 번 반복되었다. 학원 차가 올 시간이 되면 어떻게 해야 할지 막막하고 스트레스를 받았다.

아들은 새로운 환경에 적응하는 데 시간이 많이 걸린다. 많이 긴장한 탓에 음식을 먹고 자주 체하기도 하고 입술이 바짝바짝 트기도 하며 틱 현상도 있었다. 그런 아이의 특성을 알고 있기에 더욱 망설여졌다.

학원에 가기 싫다는 아이 손을 붙잡고 학원 차를 기다렸다. 아들과 같은 도복을 입은 또래 아이가 할머니 손을 잡고 걸어 나오고 있었다. 나도 모르게 이름을 물었고 집 호수를 물으며 우리 집에 놀러오라고 말했다. 그렇게 아이들은 차에 올라탔고 할머니께 인사를 했다.

"아이가 몇 살인가요?"

"7살이에요."

"어머, 그래요? 잘되었네요. 저희가 이곳에 이사 온 지 얼마 안 돼서 아들 친구가 아직 없었거든요."

한참을 서서 할머니와 대화를 나눴다.

그 이후로 둘은 단짝 친구가 되었다. 학원 갈 시간이 가까워지면 초인종이 울렸고 아들은 기다렸다는 듯이 현관문을 열었다. 내성적인 아이, 새로운 환경에 적응하는 것을 어려워했던 아이, 혼자 놀기의 달인이었지만 엄격한 규칙과 규율로 힘들어 했던 아이가 변했다. 학원에 가는 것도 학교에 가는 것도 친구가 함께여서 즐거워했다. 새로운 상황에 스트레스가 심했던 아이가 단짝 친구 덕분에 입학 초기 학교생활도 잘 해냈다.

많은 시간을 학교에서 보내는 초등학교 입학을 시작으로 아이들의 생활이 바뀐다. 새로운 지식을 배우고 여러 친구들이 모여 질서와 규칙을 정하고 그 규칙을 지키며 생활해야 한다. 스스로 배움을 찾아가는 당당하고 자기 주도적인 아이라면 걱정이 덜 되겠지만, 그렇지 않다면 새로운 환경이 긴장의 연속일 수 있다. 이럴 때 서로 어울려 공부도 하고 취미 생활도 함께 할 수 있는 마음에 맞는 단짝 친구는 학교생활을 즐겁고 풍부하게 만들어 주는 원동력이 된다. 새로운 환경에 조금 더 쉽고 편하게 적응할 수 있는 방법 중 하나일 것이다. 물론 늘 둘이 붙어 다니면 다른 친구들과 친해질 기회가 줄어들 수도 있다. 하지만 내 아이가 내성적이고 새로운 환경에 적응하는 것을 어려워하는 아이라면 학기 초 또는 새 학년에 적응할 때 서로 의지하며 큰 힘이 되어 줄 단짝 친구를 만들어 주자.

3. 준비물 챙겨 오지 않은 아이, 과제 안 해 온 아이, 선생님 눈치 엄청 봐요

"자, 수업에 필요한 준비물 책상 위에 올려놓아요."

"선생님, 저……, 안 가져왔어요."

준비물을 챙겨 오지 못했거나 과제를 못한 아이들은 수업 시간에 표정이 다르다. 일단 혼날지도 모른다는 생각에 위축되어 있다. 어떻게 하면 핑계를 대서 혼나지 않을지 이리저리 생각을 굴리며 선생님 눈치를 계속 본다. 선생님의 표정을 살피며 불안해 어쩔 줄을 모른다.

물론 학교에도 기본적인 준비물이 구비되어 있지만, 개인이 꼭 준비해 와야 하는 것도 있다.

오늘은 나뭇가지와 낙엽으로 다양한 동물 꾸며 보기 수업을 한다.

"선생님, 저 엄마가 안 챙겨 줬어요."

"그래? 그랬구나. 혼자서 챙기는 것이 어려웠구나?"

"네. 어떤 것을 주워야 할지 잘 모르겠어요."

"그럼 어떻게 하면 좋을까?"

"음……, 모르겠어요."

준비물을 챙겨 오지 못한 아이는 선생님이 알아서 해 주길 간절히 바라는 눈빛을 보낸다. 준비물이 없었던 4~5명의 아이들은 친한 친구나 모둠 친구에게 빌리느라 분주하다. 하지만 모양도 다르고 색도 다른 낙엽과 나뭇가지를 연필 빌려 주듯 쉽게 빌려 주지 않았다. 또 한 친구는 너무나 두꺼운 나뭇가지를 가져와서 오공 본드로 붙일 수도 없었다.

하루 전 수업에 필요한 준비물에 대해 자세히 안내를 해 줬다. 하지만 혼자서 그 많은 나뭇잎 중 어떤 것을 선택해야 하는지, 몇 개를 주워야 하는지 어려워하는 것 같았다. 해마다 반복되는 수업이라 미리 나뭇잎과 나뭇가지를 준비해 놓았다. 수업은 잘 마무리가 되었지만 분명 위축되고 불안한 마음에 즐겁게 수업에 참여하는 것이 어려웠을 아이도 있었을 것이다.

> 엄마가 하나에서 열까지 다 준비해 주는 것도 좋은 방법은 아니다. 맞벌이 부부, 밤늦게까지 바쁜 부모들은 아이들 준비물을 챙길 여유가 없을 수도 있다. 준비물 없이 학교에 가서 곤란에 빠질 아이의 마음을 생각한다면 아무리 바빠도 알림장은 꼭 확인해야 한다. 수업에 대한 이야기도 나누면서 준비물을 챙길 수 있게 도와주고 미리 챙기는 좋은 습관을 갖는 게 아이들의 정신 건강에도 도움이 된다.

4. 교실에서 자위행위를 하는 아이가 있어요

"어머님, 희수가 교실에서 자위행위를 하고 있는데……."

"네? 희수가요?"

한 아이의 자위행위는 수업 시간에도, 쉬는 시간에도 계속됐다. 수업 시간에는 손으로 만지는 행위를 하고 쉬는 시간에는 책상 모서리를 이용했다. 아무것도 모르는 아이들이 다가가서 같이 놀자고 해도 관심이 없다. 화장실 가는 것 말고 늘 책상을 떠나지 않았다. 쉬는 시간이 끝났음을 알리는 종이 쳐서 다음 수업을 준비해야 하는데도, 친구들이 하나둘 의자에 앉는 모습이 눈에 띄는데도 희수의 자위는 쉽게 끝나지 않았다. 어쩔 수 없이 "희수야, 자리에 앉아야지!"라고 말했다.

희수의 행위는 계속됐다. '일시적이겠지.'라는 생각이 틀렸다. 친구들을 전혀 의식하지 않고 몰입을 하며 얼굴은 빨개지고 몸을 부들부들 떨기까지 했다. 아이들은 친구들끼리 어울려 노느라 관심을 기울이지 않지만 가끔 희수의 이상한 행동을 보고 못 본 척하기도 했다.

화장실을 다녀왔다는 희수의 손에서는 쾨쾨한 냄새가 났다.

'직접 말을 해서 조금이라도 수치심을 느끼면 어쩌지?'

고민을 하다 부모에게 전화를 했다. 어머니는 많이 놀랐다. 그리고 며칠 전에 있었던 이야기를 들려주었다.

가족 제사가 있어 사촌들이 함께 모였는데 초등학교 3학년, 중학교 사촌 오빠들과 함께 엄마 아빠 놀이를 하는 것을 봤다는 것이다. 그 이후로 집에서 가끔 자위를 하는 것을 봤다고 했다. 괜찮아지겠지 하는 마음으로 모른 척하고 있었다면서 학교에서까지 그런 행동을 하는 줄 몰랐다는 것이다. 어머니와 상담 후 학교에서의 자위행위가 줄어들었다. 하지만……

"희수야!"

오늘도 수업 시작 전 희수의 이름을 불렀다. 상담과 시간이 필요할 것 같다.

학교에서는 성교육을 통해 남녀의 특성과 역할을 이해하고 올바른 성의식, 분별 있는 성 습관을 가질 수 있도록 도와준다. 1학년 슬기로운 생활과 국어 과목에서도 성장의 변화와 생각을 나누는 내용이 구성되어 있다.

초등학교 1학년 아이들은 그냥 신체 놀이의 일부로 생각할 수 있다고 한다. 혹시 생식기 또는 서혜부나 허벅지 등에 다른 건강 문제가 있어 그럴 수도 있다고 하니 조금 더 지켜보는 게 좋다. 수치심으로 잘못된 성의식을 갖지 않도록 주의해야 한다.

물론 성욕으로부터 관심을 돌리게 하는 것이 쉽지는 않다. 우리나라 청소년의 학습 시간이 경제협력개발기구(OECD) 최고 수준인 걸 보면 얼마나 많은 성장기 아이들이 신체 활동을 즐기지 못한 채 오랜 시간 책상 앞에 앉아 있는지 짐작할 수 있다. 욕구를 해소할 시간이 부족하니 자기도 모르게 그렇게 되는 경우도 있다고 한다. 습관적으로 자위를 하는 아이일수록 신체적 활동이 제한되는 경우가 많다고 하니 아이들에게 뛰어놀며 문화생활도 누릴 수 있도록 다양한 환경을 제공하는 것이 필요하다.

5. 건강한 경제 교육이 중요해요

"우리 지원이는 산타 할아버지께 어떤 선물을 받고 싶니?"

"저는 받고 싶은 것이 없어요. 엄마가 다 사 주세요."

지원이는 돈에 대해 어떤 생각을 하고 있을까?

크리스마스가 다가올 즈음 한 해를 돌아보며 반성도 하고 내가 잘한 점, 나를 칭찬할 일을 찾아보는 시간을 갖는다. 아이들은 빨간 색종이로 커다란 선물 보따리를 메고 있는 산타를 접는다. 선물 보따리 위에 한 글자 한 글자 정성스럽게 써 내려간 소원과 받고 싶은 선물을 적는다. 받고 싶은 선물은 팽이부터 곰 인형까지 정말 다양했다. 그런데 지원이의 선물 보따리에는 "산타 할아버지, 전 필요한 것이 없으니 안 사 주셔도 돼요."라고 쓰여 있었다.

지금까지 이런 소원은 처음 봤다. 욕심이 없는 순수한 아이라는 생각과 함께 원하는 것을 모두 사 주는 부모의 모습이 떠올랐다.

지원이 하면 떠오르는 또 하나의 에피소드가 있다.

슬기로운 생활 시간이다. 아나바다(아껴 쓰고 나눠 쓰고 바꿔 쓰고 다시 쓰고) 수업을 했다. 집에서 쓰지 않는 물건을 가져와서 물건에 가격(백 원~천 원으로 약속)을 써 붙여 사고판다. 수학 시간에 사용하는 장난감 돈 대신 현금이 오고 간다. 전날 알림장에 잔돈을 준비해서 보내 달라 했는데 한 명도 빠짐없이 준비를 잘 해 왔다.

아이들은 신이 나 있었다. A4 용지를 꾸며 만든 간판도 멋지고 타임 세일 전단지도 나눠 주며 장사도 잘했다. 고객과 주인의 역할도 바꿔 가면서 즐겁게 경제 놀이를 했다. 그런데 갑자기 한 아이가 와서는 "선생님, 지원이가 태석이한테 만 원 줬어요."라고 하는 거였다.

"응? 만 원을?"

어제 분명 잔돈으로, 삼천 원 이하로 가져오라 했는데…….

태석이와 지원이를 불렀다.

"태석아, 인형 가격이 얼마였어?"

"오백 원요. 그런데 지원이가 만 원을 주고 사 갔어요."

"그럼 얼마를 거슬러 줘야 할까?"

"지원이가 그냥 가지라고 했어요. 그러니깐 제 돈이잖아요."

돌려주라는 말을 하지도 않았는데 만 원은 자기 것이라며 울음을 터트렸다. 태석이는 만 원이 얼마나 큰돈인지 잘 아는 아이이다. 그러니 다시 주는 것이 싫고 억울했을 것이다. 아무것도 모르는 지원이는 울고 있는 태석이를 보았다.

"선생님, 저 용돈 집에 많아요. 저는 괜찮아요. 그냥 태석이 만 원 주세요." 라고 말을 했다.

그 말에 친구들이 나서기 시작했다. 경제 개념이 조금 형성된 친구들은 그러면 안 된다고 말했다. "넌 그러면 좋겠니?"라고 말하며 흥분한 아이도 있었다. 교실은 순식간에 아수라장이 되었다.

하교할 시간이 되어 아이들을 돌려보냈다. 만 원은 교실 서랍에 넣어 두었다. 지원이와 태석이 부모에게 오늘 있었던 일에 대해 전화를 드렸다. 아이와 함께 이야기하는 시간을 가져 주기를 당부드렸다.

다음 날 만 원은 지원이에게, 오백 원과 작은 선물은 태석이에게 갔다. 그리고 만 원의 주인은 누가 되어야 할까를 주제로 살아 있는 토론 수업을 했다.

가족들이 많이 모이는 집안 행사가 끝나고 나면 주머니가 두둑해질 때가 있다. 아이가 '이 돈으로 무엇을 할까?' 생각할 겨를도 없이 "엄마가 저금해 줄게."라고 말하는 경우가 있을 것이다. 어린 자녀가 관리하기 어렵다는 이유로 아이 이름의 통장을 만들어 저축해 주는 부모들이 많은 걸로 알고 있다. 그런데 이것이 과연 아이들의 경제 교육에 도움이 되는 걸까?

초등학생 저학년의 용돈은 많지 않지만 이때의 용돈 관리 습관은 평생을 좌우할 수 있기 때문에 매우 중요하다. 따라서 저학년부터 아이가 용돈을 바르게 관리할 수 있도록 이끌어 주어야 한다. 주머니에 늘 돈이 많은 아이는 물질 만능주의를 경험할 수 있고, 반대로 용돈이 늘 부족한 아이는 어쩌다가 무계획적으로 받는 돈으로 원하는 것을 사 버리기 때문에 계획이 없는 소비에 빠질 수 있다.

저학년 아이들은 돈에 대한 개념이 완전히 형성되지 않아서 돈을 아무데나 두어 잃어버리는 일이 많다. 또 이 시기는 돈을 쓸 줄 모르는 시기이므로 아무리 큰돈을 주더라도 문방구나 가게에 가서 백 원짜리 막대 사탕 또는 오백 원짜리 장난감 하나를 사면 돈을 다 쓴 느낌을 받는다. 이 시기의 아이들은 돈을 허투루 쓸 염려도 적으며 돈이 어떻게 쓰이는가에 대한 개념 형성도 미숙한 상태이다. 그래서 저축의 개념을 가르쳐 주고 물건을 살 때 필요성을 물어보거나 어떻게 돈을 쓰고 싶은지 물어보면서 경제에 관한 대화를 하는 것이 필요하다.

6. 주체적으로 선택할 수 있는 태도를 길러 주세요

동시를 공부하는 국어 시간이었다. 색 도화지를 반으로 잘라 그 위에 시를 쓰고, 시를 보고 생각나는 그림을 그려 보기로 했다.

"민주야, 넌 무슨 색 도화지에 할 거야?

"난 하늘색으로 할 거야."

"그래? 그럼 나도 하늘색으로 해야겠다. 선생님, 저도 민주랑 똑같은 색 주세요."

우리 반의 친구 따라쟁이 연희는 오늘도 민주에게 먼저 물었다. 특히 늘 붙어 다니는 민주를 많이 따라 했다. 선택을 해야 하는 순간마다 "넌 어떻게 할 거야? 그럼 나도 그렇게 해야지."라고 말했다. 자신의 감정과 욕구는 중요하지 않아 보였다. 자기주장도 없고 즉흥적인 행동을 어려워하고 의사 결정을 할 때도 남의 의견에 동조했다. 심지어 친구의 의견이 부당해도 비위를 거스르지 않기 위해 애쓰는 모습이 보였다. 그런 연희는 수업 시간이나 쉬는 시간에도 지시 사항이 없으면 어쩔 줄 모르는 수동적인 행동을 했다. 무엇을 어떻게 해야 할지 모르며 항상 다른 사람의 요구나 기대 또는 바람이 우선이었다. 선생님과 친구의 눈치를 보며 많은 시간을 보냈다.

함께 지켜야 할 규칙과 약속 안에서 당당하게 선택하고 주장하고 자기의 생각을 말할 수 있으면 좋겠는데 눈치를 보았다. 의사 결정을 할 때 주체적으로 선택했으면 좋겠는데 단짝 민주의 의견을 무조건 따랐다. 그게 더 편하고 안전하다고 생각하는 것 같았다. 그래서 민주는 늘 갑이었다. 자기 맘에 조금만 안 들면 절교라는 말을 하며 연희의 마음을 아프고 불안하게 했다.

우리 연희가 '나'에 대해 고민도 하고 자기 삶의 주인으로 살려면 어떻게 해야 할까?

아이를 주체적인 삶을 살도록 하고 싶다면 부모가 미리 아이의 시간표를 채우지 않도록 한다. 아이의 요구와 의사를 존중하고 자유롭게 행동할 수 있도록 필수적인 규칙만 정한다. 무엇보다 아이 스스로가 느끼는 자신의 감정, 기분, 생각과 의견에 귀 귀울이게 하고 부모는 관심을 갖도록 하자. 그래야 어떤 상황에서든 자신이 무엇을 원하는지, 무엇을 느끼는지를 알고 당당하게 행동할 수 있다. 나아가 자신의 일과 선택에 대한 책임감도 기르게 된다.

1. 건강하고 올바른 컴퓨터 사용법

학교에서도 창의적 체험 활동 시간에 컴퓨터를 배운다. 컴퓨터 끄고 켜기부터 그림판을 이용한 그림 그리기, 컴퓨터 자판 연습 그리고 2학기쯤 되면 문서 작성하여 생일 카드를 만들어 보기도 한다. 컴퓨터 프로그램을 배우는 것도 좋아하지만 아이들이 가장 좋아하는 것은 컴퓨터 자유 시간이다. 그 시간에는 자기가 하고 싶은 것을 할 수 있기 때문이다. 그런데 거의 100%가 컴퓨터 게임을 한다. 교육적인 것이든 그렇지 않은 것이든 아이들은 게임을 좋아한다. 세계적인 IT 강국에 사는 아이들의 놀이! 컴퓨터 앞에 앉아서 게임을 하며 함께 노는 시간이 많아졌다.

따라서 부모들은 아이에게 올바른 컴퓨터 사용법을 미리미리 알려 줄 필요가 있다. 무분별하게 배우는 것보다 안전하고 유익하게 사용할 수 있는 환경을 만들어 주고 올바른 컴퓨터 사용법을 교육해야 한다.

1) 부모가 관리하는 자녀용 컴퓨터 마련하기

아이들이 부모의 컴퓨터를 차츰 사용하게 되면 따로 자녀용 컴퓨터를 마련하여 사용하게 하는 것이 좋다. 이때 컴퓨터는 독립된 공간이 아닌 공개된 장소에 두어야 한다.

나는 컴퓨터를 자주 안 써서 따로 마련해 주지 않고 내가 사용하던 컴퓨터를 애들에게 사용하도록 허락했다. 그런데 어느 날 낯 뜨거운 선정적인 광고들이 떠 있는 것을 보고 깜짝 놀랐다. 부모가 사용하던 컴퓨터에는 부모의 비밀번호와 개인 정보 등이 저장되어 있기 때문에 컴퓨터는 사용자를 성인으로 인식해 성인용 광고나 자극적 기사에 자녀가 노출될 수 있다.

2) 사용 규칙과 가이드라인 정하기

우리 아이가 컴퓨터를 사 달라고 했을 때 나는 유익한 학습용 프로그램도 많기에 아이가 이용하면 좋을 것 같아서 허락했다. 그러나 아이가 가장 먼저 접한 것은 게임이었다. 게임은 한번 시작하면 도중에 끝낼 수 없을 만큼 중독성이 있다.

그래서 부모들은 아이들 컴퓨터 사용 시간에 대해 명확한 기준을 제시해야 한다. 유아기부터 게임에 빠지면 시력이 저하되고 운동량이 적어지며, 심하면 인격 형성에도 악영향을 미칠 수 있다. 많은 부모들이 자녀들과 컴퓨터 사용 문제로 갈등을 겪고 있다.

아이와의 갈등을 줄이려면 컴퓨터 사용 규칙과 가이드라인을 정해야 한다. 자녀에게 일방적으로 사용 시간을 정해 주기보다는 상호 협의를 통해 사용 시간을 정하고 인터넷상에서 접속할 수 있는 곳과 자녀가 이를 통해 할 수 있는 작업 등을 함께 정해 스스로 지키도록 해야 한다. 컴퓨터 사용 시간이 지났으니 그만하라고 재촉하기보다는 마감 시간 10분 전 약속한 사용 시간이 다 됐음을 미리 알려 주어 자녀가 스스로 마무리하고 정리할 수 있는 여유를 주도록 한다.

3) 개인 정보 노출하지 않기

인터넷 사용을 막 시작한 자녀에게 당부해야 할 것 중 하나가 개인 정보 관리이다. 집 주소, 전화번호 및 신상 정보 등 개인 정보를 부모의 허락 없이 인터넷상에서 남에게 알려 주지 않도록 사전에 주의를 줘야 한다.

아이들이 인터넷을 사용하다 보면 웹 사이트에서 의도하지 않게 신상 정보를 입력할 것을 요청하는 경우가 있다. 공개된 게시판에 개인 정보를 노출하면 인터넷에서 각종 정보를 수집하는 로봇이 다른 용도로 악용할 수가 있으니 각별히 주의시켜야 한다.

아직 판단력이 떨어지는 어린 아이들이기에 SNS상에서 개인 정보 노출의 위험을 인식하지 못하는 경우가 많다.

4) 부모의 승인 문자 요청 관리하기

바쁜 퇴근 시간 무렵, 우리 아이가 게임 아이템을 사 달라고 떼를 써서 얼마 안 되는 돈이기에 결제 동의를 해 준 적이 있었다. 그 이후로 아이는 시시때때로 어떤 망설임도 없이 휴대폰으로 전송된 인증 번호를 불러 달라고 요청하곤 했다. 우리 아이의 요청에 무심코 동의한 게임 아이템 소액 결제가 매달 일정 금액씩 휴대폰 사용 요금에 포함되어 수개월 동안 지불되고 있음을 알게 되었다. 이 일을 알고 난 후, 비로소 아이도 경각심을 갖게 되었다. 아이에게 인터넷상의 결제 시스템에 대한 교육이 필요함을 느꼈다.

5) 내 아이에게 네티켓 가르치기

신학기가 되면 아이들의 손놀림이 바빠진다. 이른바 엄지족이다. 아이들은 통화보다 문자 보내기에 익숙하다. 휴대폰이나 인터넷상에서 친구 맺기도 하고 SNS를 통해서 함께 게임을 하거나 커뮤니티를 형성하는 것이 친구를 사귀는 방법이라고 생각한다.

친구의 약점을 잡은 한 아이가 이를 퍼뜨리면서 집단적인 왕따 문제로 불거졌다는 보도가 있었다. 내 아이만 아니면 된다고 생각할지 모르지만, 왕따 행위를 지켜보는 아이 역시 피해자나 가해자가 될 수 있음을 염두에 둬야 한다.

포털 사이트 댓글 예절도 아이에게 가르쳐야 할 것 중 하나이다. 얼굴이 보이지 않는 가상 공간이라는 인식과 익명성 때문에 남에게 상처가 되는 댓글을 재미있어 한다면 문제이다. 인터넷을 사용하는 데 있어 네티켓(네트워크 예의범절)을 가르치는 것 역시 부모의 몫이다.

6) 온라인 게임 중독 예방

첫째 아이가 두 살 무렵 컴퓨터 앞에 앉아 마우스 사용을 스스로 하는 것을 보고 "와! 우리 아들 천재인가 봐!" 하며 자랑거리로 삼곤 했었다. 아이는 컴퓨터로 동요도 배우고 영상도 보며 영어면 영어, 한글이면 한글, 스스로 척척 잘도 했다. 그렇게 컴퓨터와 친숙해지는가 싶더니 곧 게임에 빠져들었다.

지나친 게임은 두통, 불면증, 소화기 문제 등에 부정적인 영향을 미칠 수 있다. 건전한 컴퓨터 사용은 아이들에게 유용하지만 그렇지 않으면 게임 중독, 인터넷 중독으로 이어질 수 있다.

과거로 돌아갈 수만 있다면 나는 이렇게 하고 싶다.

- 게임 세계가 아닌 현실 세계에서 더 큰 재미를 느끼게 해 줄 것이다. 여행이나 운동, 음악, 미술 등의 취미 생활을 갖게 해 줄 것이다.
- 컴퓨터를 가족이 함께 사용하는 공동 물건으로 인식할 수 있도록 함께 대화를 하면서 컴퓨터를 함께 사용할 것이다.
- 왜 게임을 좋아하는지, 게임을 통해 자기 나름대로 얻는 것이 무엇인지, 혹시 다른 고민은 없는지 아들의 감정을 경청하고 공감해 줄 것이다.

처음 컴퓨터를 접하면 아이는 모든 것이 신기하고 재미있어 오래 사용하고 싶어 한다. 아이 스스로 직접 컴퓨터 사용을 관리하는 습관을 들여 자기 조절 능력을 키우는 것이 중요하다. 컴퓨터 사용 관리장을 만들어 하루 동안 컴퓨터로 얼마나 무엇을 했고 그 전후 상황과 그로 인해 기분 상태는 어땠는지를 일기 형식으로 기록하게 한다. 이러한 습관이 쌓여서 본인이 스스로 컴퓨터 사용을 조절할 수 있는 능력을 갖는다면 더 이상 걱정이 없을 것이다.

7) 유튜브 활용

유튜브는 가장 기본적인 기기인 컴퓨터뿐만 아니라 다양한 기기에서 사용이 가능하다. 휴대폰으로 찍은 동영상을 내 유튜브 채널에 바로 올릴 수도 있어서 접근하기 쉽고 사용 방식이 간단하다.

미디어 장비의 대중화와 1인 방송의 활성화 등으로 유튜브는 누구나 쉽게 접하고 이용할 수 있는 매체로 성장했다.

한번은 진로 학습지에 관심 있는 직업, 또는 되고 싶은 직업을 생각해 보기란 주제로 과제를 내 준 적이 있었다. 그런데 19명 중 세 명이 유튜버가 되고 싶다고 했다. 예상치 못한 희망 직업이었기에 조금 의아한 마음이 들어 아이들에게 물어보았다.

"태정아, 넌 왜 유튜버가 되고 싶어?"

"구독자가 많으면 돈을 많이 벌 수 있고 유명해지니깐 좋아요."

"어떤 유튜버가 되고 싶어?"

"저는 말하기를 잘하고 좋아하니깐 로봇 만드는 것을 설명해 주는 유튜버가 될래요."

"응, 그래! 우리 태정이가 유튜브 채널 만들면 선생님이 '좋아요'도 꼭꼭 누르고 구독할게."

유튜버가 되고 싶다고 말한 세 명 중 한 명은 조금 소극적인 아이라 적성과 잘 맞을까 하는 생각도 들었다. 하지만 직업에 대한 흥미와 관심이 얼마든지 바뀔 수 있는 나이이다. 그 아이의 생각을 존중해 주었다.

지금 중학생이 된 딸도 초등학교 4학년까지는 친구들과 어울리는 것보다 조용히 혼자서 책 읽는 것을 좋아했었다. 그런 딸이 지금은 유튜버로 활동하고 있다.

딸과 저녁을 먹으면서 학교에서 있었던 이야기를 주고받았다.

"글쎄, 우리 반에 유튜버가 되고 싶다는 학생이 세 명이나 있더라."

"엄마, 요즘은 일곱 살 된 아이도 유튜브에 영상 올리고 그래요."

"아, 그래? 사실 엄마도 엄마의 전문적인 부분을 필요로 하는 사람과 공유하고 싶은 생각이 있거든. 그런데 어디서부터 시작해야 할지 모르겠다. 일단 시작이 반이라는데……, 오늘 당장 만들어 볼까?"

"그러실래요?"

문득 유튜브에 대해 나보다 전문적인 딸의 이야기를 듣고 싶어졌다.

그래서 곧장 유튜버로 활동 중인 딸과의 알콩달콩 인터뷰를 시작했다.

엄마 간단한 자기소개 부탁해도 될까요?

딸 안녕하세요. 앞서 소개한 유튜브를 애용하고 있는 지윤입니다.

엄마 언제부터 유튜브를 알게 되었나요?

딸 저는 초등학교 2학년 때부터 휴대폰을 사용했어요. 그래서 유튜브 같은 SNS(Social Network Service)를 많이, 또 자주 접할 수 있었지요. 유튜브에서 마음에 드는 채널이 있으면 그 채널을 구독하고, 댓글로 영상에 대한 저의 의견과 소감을 남기며 유튜브라는 플랫폼을 마음껏 즐겼답니다.

엄마 유튜브에 영상을 올리게 된 계기가 있었나요?

딸 글쎄요, 하루 이틀 영상을 보다 보니 '내가 직접 이런 영상들을 만들어 보고 싶다!'라는 생각이 들었어요. 당시 관심 받는 것을 좋아했던 저는 채널에 올린 나만의 영상에 사람들이 반응해 준다는 점이 흥미로웠어요. 처음엔 그런 단순한 이유로 영상을 제작하기로 마음먹었어요. 가벼운 마음으로 그 당시에 좋아하던 미니어처 소품 만들기 등의 취미를 영상으로 찍어 직접 편집하고, 유튜브에 업로드하였어요. 그 당시 저는 초등학교 4학년이었어요. 한 달에 한두 영상씩 꾸준히 유튜브에 업로드하던 중, 어느 날 한 영상이 그야말로 대박을 쳤어요. 유튜브에서 시청자들에게 영상을 추천해 주는 알고리즘(Algorithm)에 제 영상이 선택을 받아 엄청난 수의 시청자들이 유입된 거예요! 그 선택 받은 영상은 약 95만 명이 보게 되었고, 저의 작은 채널을 구독해 주는 사람은 3,000여 명이나 늘었어요. 시청자가 늘면서 영상에 반응을 해 주는 사람이 늘자, 저는 더 즐거운 마음으로 영상을 업로드할 수 있게 되었답니다.

엄마 그랬군요. 그렇다면 유튜브의 좋은 점은 무엇이라고 생각하나요?

딸 유튜브는 누구나 큰 제약 없이 자유롭게 영상을 업로드할 수 있다는 점에서 정말 매력적이고 관심이 가는 플랫폼이라고 생각해요. 그 덕에 저도 영상을 업로드하여 저만의 채널을 만들 수 있었던 거니까요.

유튜브에는 생각보다 유익하고 아름다운 영상이 많답니다. 아름다운 연출과 스토리로 이루어진 단편 영화, 역사나 과학 원리 같은 호기심을 흥미롭고 재미있게 풀어 주는 채널들, 또 직접 전문가들이 나서서 채널을 운영하는 경우도 있어 폭넓고 다양한 지식을 접할 수 있어요.

엄마 그렇게 많은 유익함이 있었네요. 그럼 유튜브를 하면서 이런 것은 좀 개선되었으면 좋겠다고 느낀 점이 있나요?

딸 음, 유튜브와 같은 SNS의 특징인 자율성과 익명성에서 오는 문제점들이 좀 마음에 걸려요. 저의 경우만 해도, 약 95만 명이 보았던 그 영상은 댓글이 3,000개 정도가 달렸고 그중에 1/3 이상이 악플이었어요. 심지어는 아직 서투른 초등학생이라는 이유로 배척하는 사람들도 종종 눈에 띄어 어린 저는 마음의 상처를 받았었어요.

그렇지만 저는 오히려 유튜브를 통해 잃은 것보다 얻은 것이 더 많아요. 유튜브와 같은 SNS는 어떻게 보면 하나의 사회라고 생각해요. 익명성을 이용해 심한 말을 아무렇지 않게 내뱉는 사람이 있는 반면, 익명이고 다시는 안 볼 사람이라는 것을 알더라도 곱고 예쁜 말을 쓰기 위해 노력하는 사람들도 많거든요.

엄마 유튜브에 관한 유튜버의 생각을 들어 볼 수 있어서 참 좋았어요. 마지막으로 하고 싶은 말이 있다면요?

딸 유튜브를 몇 년째 애용하고 있는 저는 결국 영상 미디어에 관심이 생겨 유튜브로 직접 독학하여 영상 제작을 공부 중이에요. 학교에서는 학생회 홍보부 부장을 맡아 여기저기에서 소문날 정도로 영상을 좋아하고 잘 만드는 사람이 되었답니다.

저는 유튜브를 통해 어떻게 하면 영상을 아름답게 연출할 수 있는지 뿐만 아니라 세상에는 어떤 사람들이 어떻게 살고 있는지, 그 사람들이 다양한 갈등에 대해서는 어떻게 대처하는지에 대해 배웠어요. 미래를 이끌어 갈 학생들에게 이 새롭고 매력적인 플랫폼에 좀 더 자율적이고 유연하게 적응할 수 있는 환경을 제공하는 것이 필요하다고 생각해요. 더 나아가 직접 채널의 운영자가 되어 보고 콘텐츠를 제작할 수 있게 된다면 그보다 값진 경험은 없지 않을까요?

엄마 멋진 발상이네요. 앞으로의 활동도 기대하겠습니다. 파이팅!

2. 건강하고 올바른 휴대폰 사용법

"엄마, 나도 휴대폰 사 주세요. 우리 반 친구들은 다 있단 말이에요."

아들이 초등학생이 되고 얼마 지나지 않아 휴대폰을 사 달라며 떼를 썼다. 맞벌이를 하는 우리 부부가 아이의 귀가 시간이나 안전한 동선을 확인할 수도 있어서 어떻게 하면 좋을지 고민하고 있던 때였다. 하지만 쉽게 결정할 수 없었다. 휴대폰의 강한 힘을 경험했기 때문이다. 식당이나 카페에서 지인들을 만날 때 천방지축 뛰어다니는 아들에게 단호하고 무서운 목소리보다 휴대폰을 주는 것이 훨씬 효과가 있었다.

휴대폰만 손에 쥐어 주면 금세 순한 양이 되는 아이들. 울고불고 보챌 때는 확실한 처방이 된다. 안 된다는 걸 알면서도 야외에서 아이를 얌전하게 만드는 용도로 활용하기도 했다.

아이들의 휴대폰 사랑은 경험을 통해 충분히 입증되었다. 그러하기에 아이에게 미치는 부작용, 휴대폰 중독이 걱정되었다.

부모와의 애착 형성을 방해하고 두뇌 발달을 비정상적으로 만들기도 하며, 사회성 발달에 좋지 않을 뿐 아니라 신체 발달과 시력 등 아이의 건강에도 도움이 안 된다.

휴대폰을 언젠가는 접하게 되겠지만 휴대폰을 처음 접하는 시기를 최대한 늦추는 것이 좋다고 전문가들이 말하는 이유도 이런 부작용을 줄이기 위한 조언일 것이다. 아이에게 휴대폰을 사 줘야 한다면 올바르게 사용하기로 다짐받고 사 주자.

⟩ 휴대폰을 올바르게 사용하도록 하는 방법을 알아보자 ⟨

1. 휴대폰 보관함을 정하자

휴대폰의 가격은 웬만한 가전제품에 맞먹는다. 나는 우리 아이들에게 휴대폰을 사 줄 때 아빠 엄마가 너희들을 위해 산 정말 큰 선물이라고 했다. 선물은 함부로 하지 않는다. 사용한 휴대폰을 어디에 보관해 둘 것인지 정했고, 잠자리에 들기 전 휴대폰 보관함에 넣게 했다. 눈에 보이면 더 하고 싶어진다. 가급적 눈에 보이지 않게 보관함에 넣어 둔다.

2. 언제 어떻게 사용할지 약속을 정하자

처음에 같이 시청을 하며 너무 가까이 보지 않도록 알려 준다. 휴대폰에 대한 약속은 아이가 스스로 정하도록 한다. 약속 시간이 지나면 반드시 휴대폰을 돌려받거나 휴대폰 보관함에 스스로 넣게 한다. 이때 아이가 떼를 쓰는 경우가 많은데, 단호하게 약속 사항을 상기시키며 지도한다.

3. 학교에서는 휴대폰을 꺼 두기로 약속하자

학교 수업 시간에는 전원을 끄게 하고 가방에서 꺼내지 않도록 당부한다.

학교에서 선생님의 허락 없이 휴대폰을 사용할 수 없지만 가끔 선생님 몰래
휴대폰을 사용하는 아이들이 있다. 수업과 친구들과의 놀이에 집중할 수 있
도록 전원은 꺼 두도록 지도한다.

안전하고 즐거운 학교생활

다들 잔소리라고 그만 좀 하라고 하지만 시간과 장소는 달라도 늘 한결같은 질문이 있다.

"무슨 일 없었니? 아픈 곳은 없니?"

확인하고 또 확인해야 마음이 편해지는 엄마의 질문은 안전을 확인하고 당부하는 말일 것이다.

안전은 인간의 삶에 있어 생존과 직결되어 있는 중요한 요소이다. 안전은 사전에 사고를 방지하고 위험과 탈이 없는 상태이다.

부모에게는 자녀가 늘 눈에 보이는 안전한 곳에만 있었으면 좋겠지만 점차 부모의 직접적인 보호로부터 벗어나는 저학년. 주된 생활 장소가 가정을 넘어 학교, 지역 사회로 확대되면서 안전을 위협하는 위험 요소가 늘게 된다. 각종 사고로 인해 많은 아이들이 상해를 입거나 심지어는 사망에 이른 경우도 있다.

이런 위험을 방지하기 위해서는 우리가 알고 있는 안전 관련 지식이나 기술 등을 실천에 옮겨야 한다. 건강하고 행복하게 살기 위해 어려서부터 체계적인 안전 교육이 필요하다.

1. 아동 발달 특성을 이해하면 안전 교육이 보여요

"선생님, 어제 태원이가 수영장에서 죽을 뻔했어요."

"그게 무슨 말이야?"

"어떤 아저씨가 구해 줘서 살았어요."

월요일 아침부터 교실이 웅성거렸다. 한 아이가 교실에 들어오자마자 특보라도 전하듯 큰 소리로 말했다.

"나 어제 태원이랑 누나랑 수영장 갔는데 태원이 죽을 뻔했다."

눈이 동그래진 아이들은 다들 태원이 옆으로 모여들었다.

"왜? 어디서?"

동시다발적으로 쏟아지는 질문에 태원이는 "아니야, 아니라니까."라고 말하며 울기 시작했다. 간신히 태원이를 달래고 이야기를 들어 보았다.

태원이 누나는 초등학교 6학년이며 수영을 꽤 잘한다. 태원이랑 같은 동에 살고 있는 친한 친구 병식이와 5학년인 병식이 누나, 그리고 태원이랑 태원이 누나, 이렇게 넷이서 아파트 안에 있는 수영장에 갔다고 한다. 가족과 함께 자주 간 곳이기도 하고 늘 사람이 많은 곳이며 안전 요원이 있으니 엄마는 누나랑 친구가 함께 가는 것을 허락했다. 친구와 낮은 물에서 놀기로 약속을 했고, 튜브도 챙겼다.

그런데 태원이는 무슨 생각에서인지 친구에게 깊은 물에 가 보자고 했다.

"나 아빠랑 깊은 물에서 수영한 적 있어."

"수영할 수 있어?"

"응."

잠깐 친구와 대화를 끝내고 태원이는 튜브도 없이 물에 뛰어들었다.

이전에도 태원이는 깊은 물에 뛰어든 적이 있었다. 그곳에서 신나게 수영을 하기도 했다. 하지만 그땐 튜브를 착용했었고 물속에는 아빠가 기다리고 있었다.

"하나, 둘, 셋!"하고 아빠의 구령 소리가 끝나기 무섭게 아빠에게 뛰어들어 수영을 했었다. 튜브가 자기 몸을 뜨게 했다는 사실을 잊고 수영을 할 수 있다고 생각했던 아이를 우린 이해할 수 있을까? 튜브도 없이 물로 뛰어든 태원이는 한참을 물속에서 허우적거리면서 꽤 많은 물을 먹었다고 한다. 다행히 옆을 지나가던 아저씨가 구해 줬다고 했다. 아이들만 있었더라면 큰 사고로 이어졌을 게 분명하다.

호기심, 탐구심이 풍부한 아동기는 상상과 현실이 분리될 수 있다. 태원이는 튜브가 자기의 몸을 뜨게 해 줬다는 사실을 잊고 물 위에 떠서 수영했던 사실만을 기억하고 겁 없이 깊은 물속으로 뛰어든 것이다.

아동기는 육체적, 정신적으로 급속히 성장하는 시기이다. 호기심과 탐구심이 왕성해 새로운 기술을 습득해 증명하려는 욕구도 크다. 이에 비해 신체 기능은 미숙하다. 그래서 위험 상황에 대처할 수 있는 능력이 부족하다. 또한 아동기에는 또래 친구들의 요구에 감정적 반응을 하여 안전에 대한 생각을 하지 못할 때가 있다.

아동기의 탐험에 대한 충동과 호기심은 사고로 이어질 수 있으니 안전을 스스로 생각하도록 하고 안전 수칙을 지키게 해야 한다. 일상생활 속에서 스스로 적절하게 대처할 수 있는 능력을 키워 주는 일이 중요하다.

2. 풍부한 상상력이 가끔은 아이들을 위험에 빠뜨려요

"선생님, 선생님! 영식이가 계단에서 뛰어내리다 다쳤어요."

"영식이 지금 어디 있니?"

학기 초, 황급히 교실로 뛰어온 아이와 함께 그곳으로 가 보니 영식이는 다리가 아프다며 울고 있었다.

영식이는 유난히 위험하고 엉뚱한 놀이를 주도하는 걸 좋아했다. 몸이 날렵하고 순발력도 뛰어나 스턴트맨을 생각나게 하는 아이였다. 쉬는 시간엔 교실에 없었다. 선생님의 레이더망을 피해서 늘 친구들을 데리고 어디론가 사라졌다. 계단에서 뛰어내리기, 친구들과 더 높은 곳에서 뛰어내리기, 계단 난간에서 미끄럼 타기, 바닥에서 모둠발로 계단 뛰어오르기, 복도 끝에서 화장실까지 달리기, 교실 사물함 위에 올라가서 뛰어내리기, 운동장 구름사다리 위로 걷기 등 몸으로 할 수 있는 모든 놀이를 즐겼다. 그 모습을 지켜보는 나의 마음은 늘 불안불안. 하루에도 몇 번씩 "하지 마라, 하지 마라. 하면 안 된다, 하면 안 된다."로 시작해서 새끼손가락 걸고 엄지 도장까지 찍는 약속을 반복했다.

사고가 있었던 그날은 친구들과 시합 규칙도 있었다.

"저 위에서 계단 난간 타고 내려오다 네 번째 계단에서 뛰어내리는 거다."

그렇게 몇 번을 하다가 발목을 삐끗했다. 다행히 골절은 아니었지만 근육이 놀랐다.

"영식아, 계단에서 뛰어내리는 거 무섭지 않아?"

"아니요, 전 더 높은 곳에서도 뛰어내릴 수 있어요."

"음, 그렇구나. 그런데 그러다 이렇게 또 다치면 어떻게 하지?"

"전 다치지 않아요. 잘 뛸 수 있는데 실수한 거예요."

영식이는 위험하다는 생각보다 자신이 만화 주인공처럼 가볍게 날아다닐 수 있다는 상상을 즐기는 것 같았다. "쉬익, 빠지직, 으아!" 이런 말들을 혼잣말처럼 중얼거린다. 또 친구들의 관심을 받는 것도 좋아했다.

아이들이 노는 것을 보면 만화 영화의 영웅을 따라 하는 경우가 많다. 특히 남자아이들은 삼삼오오 모여서 눈에 보이지 않는 광선을 쏘고 그 광선을 맞고 쓰러지고 다시 살아나 뛰어가고 쫓아가는 상상 속의 놀이를 좋아한다.

그 사건 이후로 영식이는 복도나 계단에서 오른쪽으로 통행하며 부딪치지 않도록 조심하기로 약속도 하고, 복도에서 달리기나 씨름 등의 장난을 하면 다른 사람에게 피해를 주고 다칠 수 있어 하지 않겠다는 다짐도 했다. 그리고 계단을 오르내릴 때에는 손잡이를 잡고 이동하고 계단 손잡이를 넘거나 손잡이를 타고 내려오는 행동은 하지 않기로 했다.

아동기에는 상상력이 풍부한데, 개인에 따라 차이가 크다. 창조적인 상상력은 8~9세부터 점차 발달하는데, 이 시기에는 단순 모방에 따른 위험 요인이 많다. 학교 활동 중에 쉬는 시간과 체육 시간을 중심으로 운동장에서 사고가 집중적으로 발생하고 있다. 특히 계단이나 복도에서 안전사고는 골절과 치아 손상 등의 심각한 상해를 입기도 하기 때문에 늘 안전을 강조한다. 초등 저학년은 상상과 단순 모방을 통한 크고 작은 위험으로 인해 상해를 입지 않도록 관심과 교육이 필요한 시기이다.

단 한 번의 사고라 할지라도 회복할 수 없을 정도의 중대한 상해를 입거나 재산상 막대한 손해를 입을 수 있기 때문에, 사고는 절대로 일어나서는 안 된다. 현실을 일깨워 주면서 아동의 풍부한 상상력이 긍정적으로 이루어질 수 있도록 안전에 대한 구체적인 대화를 자주하는 것이 좋다.

3. 교실 책상 모서리에 부딪혀 얼굴을 다쳤어요

교실에서 아이들은 서로 장난을 치다 다치기도 하지만 너무 서두르는 바람에 다칠 때도 많다.

즐거운 생활 수업을 하기 위해 강당으로 이동해야 했다. 교실 뒤 사물함 앞에 두 줄로 서는데 한 친구가 뛰어오다 넘어지면서 책상 모서리에 부딪혀 눈썹 윗부분이 찢어진 일이 있었다. 이동을 할 때의 줄 번호가 있음에도 불구하고 빨리 가야 한다는 마음에 친구들과 사물함 쪽으로 달려오다 다친 것이다.

"후유, 실내에서는 뛰지 말라고 했죠?"

아이들에게 볼멘소리를 하며 한숨을 쉬었다.

교사인 내가 뒤에 서 있었고 "뛰지 말고 천천히 나와 줄 서 주세요."라고 말한 지 얼마 되지 않아서 일어난 사고였다.

교실에서도 다양한 사고가 있다. 아이들의 안전을 가장 위협하는 것은 책상 모서리와 출입문이다.

한 아이는 뒤에 있는 친구가 장난으로 의자를 살짝 빼는 바람에 뒤로 넘어지면서 책상 모서리에 머리를 부딪혀서 다쳤다. 출입문 주변에서 놀다가 갑자기 문 밖으로 뛰어나가면서 복도를 걷던 친구와 부딪혀 넘어지면서 앞니가 부러진 아이도 있었고, 친구가 들어오는 것을 기다리고 있다가 문을 열려고 하는 순간 안에서 문을 확 닫아서 손가락이 끼어 다친 경우도 있었다. 무심한 장난이 나와 친구들의 안전을 위협할 수 있다는 것을 아이에게 설명하고 각별히 조심하도록 주의를 시켜야 한다.

4. 구멍이 있는 학용품을 장난감으로 여겨요

아이들이 도형자를 이용해서 도형 나라 그리기를 하고 있었다.

"야, 이거 봐라. 나 엄청 잘 돌리지."

갑자기 한 아이가 도형자 구멍에 손가락을 넣고 빙빙 돌리고 있었다. 다른 친구들이 그걸 보더니 순식간에 따라 하기 시작했다.

아이들은 가위 손잡이 구멍, 도형이 들어간 도형자의 구멍을 아주 좋아한다. 한 아이가 조그만 도형 안에 손가락을 넣고 돌리기 시작하면 그걸 본 다른 아이들도 따라 돌리기 시작한다.

수학 수업 시간에 있었던 일이다. 도형자를 이용하여 도형 그리며 규칙 찾기를 하는 도중, 도형자를 돌리던 아이의 손에서 날아간 도형자가 순간 무기가 되어 근처에 앉아 있던 친구의 얼굴을 다치게 했다. 다행히 움찔하며 움직여서 큰 부상을 입지는 않았지만 눈을 다칠 뻔했던 아찔한 순간이었다. 이렇듯 늘 곁에 있는 연필, 가위, 미술 도구 등도 안전한 사용법을 알지 못하면 아이들을 다치게 하는 위험한 무기가 될 수 있다.

이 밖에도 연필의 뾰족한 부분을 친구의 뺨 가까이에 대고 이름을 불러 고개를 돌리게 하는 장난을 치다 연필에 찔려 뺨을 다치는 사고, 가위로 칼싸움 흉내를 내며 놀다 다른 사람의 가위에 새끼손가락이 걸려 베이는 사고, 종이를 자를 때 가위가 아닌 커터 칼을 사용하다가 손을 다치는 사고 등이 교육현장에서 일어났었다.

학용품과 도구의 특성을 살펴 위험 요인을 식별하고 안전하게 사용하는 방법을 알아야 학용품과 도구 관련 안전사고를 예방할 수 있다.

5. 아이와 함께 위험한 상황을 생각해 보아요

유치원 때 아빠와 집 근처에 있는 학교 운동장에 간 적이 있었다. 운동장 가운데서는 아저씨들이 축구를 하고 있었는데 그때 아빠가 해 주었던 말이 지금도 생각난다. "운동장은 운동하는 공간이야. 운동장을 가로질러 이동하는 것은 위험하단다. 저기 보이는 보행로를 이용해서 이동하도록 해야 한다."

생각해 보면 운동장에서의 기본적인 안전 행동에 대해 말해 준 것이었다.

운동장에서 일어날 수 있는 사고의 원인은 다양하다. 통학로가 아닌 운동장을 가로질러 가다 갑자기 날아온 공에 다치거나 그네 타는 친구를 향해 뛰어가다 다치기도 하고, 시소를 타면서 손잡이를 잡지 않아 떨어져서 다치는 경우도 있다.

술래잡기를 하다 기구에 머리를 부딪치거나 발을 잘못 디뎌 떨어지는 경우도 있었고, 정글짐을 내려오면서 친구의 손을 밟아서 손을 다친 아이도 있었다.

아이들이 학교 놀이터와 운동장뿐만 아니라 지역 사회에 있는 놀이 기구나 운동 시설을 이용하는 경우에도, 가정과 연계한 안전 교육이 꼭 필요하다. 이를 위해 아이 스스로 운동장과 놀이터에 어떤 위험이 있는지 찾아보게 하거나 생활 속에 적용할 수 있도록 하는 것이 필요하다.

⸎ 도로를 건널 때 손을 드는 이유 ⸎

차가 다니는 도로를 건널 때는 손을 들고 건넌다. 우선 멈춰야 하고, 일단 멈추게 되면 주위를 살피고 건널 수 있는 시간적, 정신적 여유가 생기게 된다.

손을 든다는 것은 "제가 먼저 갈 테니 멈춰 주세요.", "제가 키가 작으니 잘 봐 주세요." 하는 표시이므로 반드시 운전자를 바라보며 차에 가까운 쪽 손을 45도 각도로 들어야 한다. 그런 후 차가 멈추는 것을 확인하고 천천히 건너도록 한다. 또한 손을 든다고 모든 차가 다 멈추지 않는다는 것도 알려 주어야 한다. 아이들은 손만 들면 차가 멈추는 것으로 생각해 주변 차를 보지 않은 채 뛰어가는 위험한 행동을 할 수 있다. 따라서 실제 도로에 나가 여러 번 알기 쉽게 가르쳐 준다.

⸎ 가족과 함께 횡단보도 건너기 ⸎

아이들은 단순하므로 한 가지 일에 몰두하디 보면 차가 가까이 오는 것을 전혀 깨닫지 못하는 수가 있다. 그냥 빨리 가고 싶어서 무조건 뛰어 건너려고 하는 경우가 많다. 따라서 보호자는 뛰어들기 사고 유형과 예방 대책을 잘 새겨 아이에게 알려 주어야 한다. 어린이 교통사고 중 70% 이상이 도로 횡단 중 일어나며 갑자기 뛰어드는 사고가 대부분을 차지한다. 따라서 아이들에게 도로를 안전하게 건너는 방법을 확실하게 알려 주는 것이 가장 중요하다.

6. 안전한 학교생활! 가정에서 먼저 해요

1학년 아이들의 학교 안전 생활을 위해 『안전한 생활』이라는 교과서를 통해 안전 교육을 한다. 늘 강조해도 지나치지 않는 안전한 생활은 가정과의 연계 교육이 중요하다. 우리나라의 경우 아동 안전사고의 67.5% 정도가 가정에서, 그리고 대부분 부모의 부주의에 의해 일어나고 있다. 가정 다음으로 여가 및 문화 놀이 시설, 교육 시설 등의 순으로 나타나고 있다.(한국소비자원, 2015)

그런데 이러한 가정에서의 아이들 안전사고는 예측 가능한 범위 내에서 발생하고 있다. 안전사고는 어른들의 철저한 사전 대책이나 감독에 의해 관리될 수 있으며 대부분 부모에 의해 예방이 가능하다고 한다.

⪧ 부모의 안전 교육을 생각해 보자 ⪦

① 자녀들에게 학교에서 지켜야 할 규칙에 대해 교육하고 수시로 점검한다.

② 준비물을 챙길 때 뾰족하거나 위험한 물건을 가져가야 하는 경우 다치지 않게 주의하도록 한다.

- 학용품을 들고 흔들거나 던지지 않는다. 특히 학용품 중 뾰족하고 날카로운 것은 위험한 것임을 알게 하고 위험 행동을 모방하지 않도록 한다.

- 연필은 한쪽만 깎아서 사용한다. 바닥에 떨어진 경우 즉시 주워서 다른 사람이 밟고 넘어지지 않도록 한다.
- 연필심을 입에 물거나 사람의 몸 쪽으로 향하지 않도록 한다.
- 가위는 안전 가위를 사용하며, 가위를 건네줄 때는 가윗날을 접어서 잡고 손잡이가 상대방을 향하도록 한다.
- 가위 손잡이에 손가락을 넣고 빙빙 돌리거나 휘두르지 않는다.
- 우산을 펴고 이용하는 방법을 연습한다. 우산을 펴기 전에 주위를 확인한다. 우산을 들 때는 우산 끝이 아래쪽에 오도록 한다. 우산을 돌리거나 다른 사람을 향해 던지지 않는다. 우산을 접을 때는 바르게 접어 고정한 후에 우산통에 넣는다.

③ 교외 활동이 있을 때에는 눈에 잘 띄고 편안한 복장을 입도록 지도한다.

④ 놀이나 게임을 할 때 다른 친구들을 배려하고 이해하는 마음을 기를 수 있도록 자녀와 열린 대화를 한다.

tip 학교 내 사고에 대한 학교 안전 공제 처리 방법

친구들과의 체육 활동 혹은 장난을 치다가 순식간에 일어나는 사고로 큰 부상(골절이나 인대 파열, 심한 경우 절단상)을 입기도 한다. 이런 경우 교우에게 상해에 대한 책임을 묻기가 애매하다. 그래서 개인 보험으로 처리하는 경우가 많지만 그러한 보험조차 없을 때는 보호자들의 자비로 치료해야 하는 난감한 상황이 발생할 수 있다.
학교장의 관리하에 있는 장소와 시간에서 사고가 발생했을 시에는 학교는 의무적으로 가입한 '학교 안전 공제보험'을 통해 사고 처리를 해 주도록 되어 있다.
사고 발생 시 담임과 보건 교사에게 문의하여 공제 처리 절차를 밟으면 된다.

5교시

지성·감성·인성을 기르는 창의 교육

핵심 역량을 갖춘
미래 인재로 키워요

'지적 도구 활용? 사회적 상호 작용? 자율적 행동? 이것이 OECD에서 말한 핵심 역량이구나.'

학교 공부를 따라가지 못해서 방황하는 아이를 둔 한 학부형의 이야기가 떠올랐다.

그 아이는 가만히 앉아서 읽고 쓰고 외우고 반복하는 공부를 무척이나 싫어했다고 한다. 하지만 초등학교에 들어가기 전에 한글을 읽고 쓰기는 할 수 있어야 할 것 같아서 집 안 구석구석에 가나다 한글 블라인드를 붙여 놓고 남자아이들이 좋아하는 만화 캐릭터 열 칸 노트와 책상을 준비했다고 한다. 그래도 관심을 보이지 않자 좋아하는 음식과 장난감에 형형색색 사인펜을 동원하여 단어를 쓰고 읽게 했다는 것이다. 그런데 이후 글자 공부를 싫어하는 아이와 어떻게든 학교 가기 전에 글자를 읽고 쓸 수 있게 하고 싶은 엄마 사이는 깊은 한숨과 화를 내는 목소리만큼이나 멀어졌다고 했다. 그렇게 학교를 들어간 아이는 처음 본 받아쓰기 시험부터 중학교 1학년이 된 지금까지 성적은 뒤에서 1등일 거라고 했다.

그 아들이 바로 우리 반 윤서의 오빠이며 나의 제자인 현민이다.

윤서는 오빠와 달랐다. 팔방미인이 따로 없을만큼 모두 잘했다. 모든 일에 솔선수범하고 적극적이며 성적도 우수할 뿐 아니라 근면 성실하게 학교생활도 잘했다. 하지만 오빠만큼 순발력이 있거나 재치가 있지는 않았다. 내가 가르쳤던 현민이는 독특했고 남달랐다. 상상력과 창의력이 풍부해서 엉뚱했으며, 새로운 것을 시도하는 도전 정신이 강했고 늘 표정이 밝았다. 항상 새로운 놀이로 친구들을 즐겁게 했고 모둠 활동을 하면 어느 순간엔가 자연스럽게 리더가 되어 있었다.

외우고 정리하고 반복하는 학습을 무척 싫어했던 건 맞았다. 꼬부랑꼬부랑 글씨에 교과서에 낙서까지 하고 있으니 자주 잔소리를 했었다. 그러던 어느 날,

"우아, 대박! 어떻게 이런 것을 그렸어?"

현민이의 교과서에 그려진 그림을 본 짝꿍이 말했다. 그러자 아이들이 우르르 현민이에게 몰려들었다. 수학책 속의 삼각형 도형 두 개로 이집트 풍경을 그려 냈던 것이다.

왠지 현민이는 언젠가 정말 하고 싶은 공부가 있을 때 어느 누구보다 잘 해내리라는 믿음이 있었다. 그리고 이렇게 대화를 마무리했다.

"어머님, 현민이는 미래형 인재 같아요. 공부 못한다고 다른 것도 못하지는

않아요. 시대가 변하고 있어요. 못하는 것을 잘하려고 힘든 시간 보내는 것보다 잘하는 것을 더 잘할 수 있도록 응원해 주는 것이 좋지 않을까요?"

과거에는 공부 잘하는 아이가 가질 수 있는 직업이 많았다. 아이의 안정된 미래를 위해서는 공부를 잘할 수 있게 도와주기만 하면 됐다. 하지만 교육 현장에서도 시대의 흐름에 따라 조금씩 교육 환경이 바뀌고 있다. 지식을 외워서 시험을 준비하는 것보다 개인 중심의 능력 향상과 경쟁력, 그리고 자기중심적인 수업 쪽으로 중심이 옮겨 가고 있다. 각자의 장점은 살리고 그 장점을 모아서 더 창의적이고 멋진 시너지를 만들어 내기 위한 교육 활동을 한다. 기존의 지식이나 기술을 활용해서 색다른 것을 만들어 내는 힘, 또한 획일성보다는 남과 다른 다양성을 중시하고 스스로 문제를 해결할 수 있는 힘을 키울 수 있도록 도와준다.

책을 많이 읽는 다원, 수학을 잘하는 민지, 봉사를 잘하는 경아, 노래를 잘하는 은혜, 춤을 잘 추는 은아, 이야기를 잘하는 재성, 인사 잘하는 이슬……. 반 아이 모두가 각자 잘하는 능력을 칭찬한다.

아이를 학교에 보내며 공부는 잘하고 있는지, 하나에서 열까지 걱정하는 엄마보다는 아이의 존재 가치를 믿어 주고 스스로 문제를 해결해 갈 수 있도록 이끌어 주는 엄마가 아이의 미래를 더 밝게 할 것이다. 아이들은 스스로 부딪치고 느끼면서 내가 선택하고 나만의 경험을 쌓아 갈 때 나름의 성취감과 성공감을 맛볼 수 있다. 내 아이를 인정하고 존중해 주고, 칭찬과 지지를 해 주자. 그렇게 쌓이는 자존감이 아이에게는 미래를 살아갈 수 있는 힘의 원천이 될 것이다.

1. 잘 웃는 유머러스한 아이

"세상에서 가장 빠른 닭은?"

"뭐? 닭이 빠르다고? 아, 뭐지?"

"정답 말해 줄까?"

"응, 빨리 알려 줘."

"후다닥 알려 줄게~."

아직도 못 알아들은 친구들은 답이 뭐냐고 물었다.

"세상에서 가장 빠른 닭은 후다닭입니다."

멍하니 눈을 깜빡이던 아이들은 잠시 후 의미를 알아챈 듯 재밌다며 웃기 시작했다.

"다른 문제도 맞혀 볼래?"

성범이 입가에 잔잔한 미소가 번졌다.

수업을 시작해서 끝날 때까지 정지된 화면처럼 앉아 있는 성범이는 공부도 잘하고 발표도 잘했다. 늘 모범적인 학교생활을 하니 그저 고마운 아이였다. 그런데 성범이 옆에는 친구가 없었다. 한 달이 지나고 두 달이 지나도 쉬는 시간에 늘 혼자였다. 성범이의 말투는 무척 딱딱하고 진지하며 교과서적이었다. 늘 똑같은 표정에 웃음이 없었다. 그리고 반복되는 로봇의 말처럼 "얘들아, 내 생각에는 말이야……."라는 말로 대화를 시작한다. 그런 성범이에게 모기가 날아가는 것을 보고도 깔깔깔 웃어 대는 친구들이 먼저 다가가기는 어려울 것 같았다. 친구들은 성범이를 어딘지 모르게 무언가 불편하고 우리와는 다른 아이라는 생각을 하는 것 같았다. 그런 딱딱한 분위기를 녹여 내 아이들과 성범이를 이어 준 것이 위에서 언급한 수수께끼 문제였다. 쉬는 시간이 되자 아이들은 성범이 주위로 모여들었고 수수께끼 놀이를 함께 했다.

언어유희로 수업 시간에 농담을 했다가 장난스러운 태도라고 여겨 혼이 났던 기억이 있다. 그래서 늘 조용하고 수동적인 정숙한 자세로 일방적인 가르침을 잘 들어야 했다. 그러나 언어유희의 엉뚱함과 상상력은 창의력을 길러 줄 수 있고 인간관계에 있어 없어서는 안 될 요소임이 분명하다. 유머는 사람을 끌어당기는 힘이 있다.

> 아이에게 학습과 관련하여 새로운 과목을 처음 소개할 때는 재미있고 즐거운 방식을 찾아보자. 호기심을 느끼고 깊이 빠져들 수 있도록 해야 한다. 계획표를 짜고 진도 나가는 데에만 급급하다 보면 배움의 즐거움보다 압박감과 불안함에 아이가 거부감을 느낄 수 있다. 배움에서 즐거움을 찾도록 도와주는 것이 긍정적 감정을 유발하는 유머의 시작이다. 유머러스한 태도를 가진 아이는 어떤 상황에서도 다양하고 새로운 사고를 하며, 어려운 과제에 맞닥뜨려도 밝은 면을 찾는다. 아이의 눈높이에 맞는 농담을 던지고 까르르 함께 웃어 주자. 부모 또한 유머 감각이 없다면 재미있는 책이나 유머집을 보면서 유머 감각을 키우면 좋겠다. 고정되고 딱딱한 말투보다 재치 있는 말투가 분위기를 밝게 해 준다.

2. 창의적 태도와 주의력 결핍 과잉 행동 장애(ADHD)

"선생님, 우리 아이는 한시도 가만히 있지를 않아요."

"아, 네."

"장시간 앉아 있어야 할 때는 이상한 소리를 내고, 손발을 가만히 두지 못해요."

"그렇군요."

"의자에 앉아서도 몸을 쉴 새 없이 움직이고……. 주의력 결핍 아닐까요? 어떻게 해야 하지요?"

학부모 상담 때 이런 문제점을 하소연하는 승준이 어머니 이야기를 들으며 "그러게요, 학교에서도 그래서 여간 힘든 것이 아니에요."라는 말을 할 뻔했다.

승준이는 그랬다. 성가시게 느껴질 만큼 지나치게 궁금한 것이 많아 엉뚱한 질문이 많았고 수다스럽고 산만했으며, 다른 사람의 말에 귀를 기울이지 않았다. 급식실에 내려가기 위해 준비한 수저통과 물통을 교실에 두고 줄을 서서 따라오다 다시 교실로 올라가 가져오기도 여러 번이었다. 자기가 좋아하는 것이 아니면 어떤 과제나 활동을 할 때도 집중력이 부족했고 세부적인 면에 주의를 기울이지 않아 실수투성이였다.

승준이는 남달랐다. 지점토로 자기 얼굴을 만들어 보았다. 다들 평면에 눈, 코, 입을 아기자기하게 붙여 바닥에 놓았을 때, 피노키오 코처럼 긴 코를 만들어 세워 놓았다. 과일을 만들 때 친구들은 동그란 사과, 배를 만들었다면 승준이는 껍질을 깎은 배 한 쪽, 바나나 껍질을 반쯤 벗긴 모습을 만들었다. 가장 승준이다운 행동은 그 다음이었다. 지점토 놀이가 끝난 후 남은 지점토로 슬리퍼를 만들어 신고, 교실 바닥에 떨어져 있는 지점토 조각들과 조그만 주변 쓰레기를 밟으며 정리를 했다.

"우아, 승준아! 그게 뭐야?"

쓰레받기와 비를 들고 있던 아이들은 신기한 듯 승준이의 지점토 슬리퍼를 바라보며 웃기도 했다.

다행히 승준이는 나를 무척 좋아했다. 혼이 나기보다 기다려 주는 선생님의 마음을 아는 것 같았다. "너, 뭐 하니? 빨리 치워야지."라고 다그쳤다면 승준이의 창의적 지점토 슬리퍼는 묻혀 버렸을지도 모른다. 승준이와 비슷한 성향의 아들을 키워 본 경험이 큰 도움이 된 것 같았다. 예전 같으면 다른 사람의 눈을 의식하며 걱정하고 통제하고 혼내기 바빴을 텐데 지금은 인내심을 가지고 성급한 결론을 내리지 않고 기다린다.

아이와의 대화를 통해 스스로 생각하고 해답을 찾을 수 있도록 기다려 주는 교육을 해야 한다.

실제로 창의적인 태도는 주의력 결핍 과잉 행동 장애(ADHD)와 비슷한 특성이 있다고 한다. 예를 들면, 즉흥적이이거나 충동적인 태도, 열정적이거나 과잉 행동적 태도, 위험 감수 또는 무모한 태도, 자기 주도적이거나 고집 센 태도, 호기심 천국 등이 그것이다. 호기심은 창의력의 원동력이다. 그런데 요즘은 말이 많고 호기심에 질문도 많으며 조금만 성가시고 충동적이거나 불안정한 태도를 보이면 ADHD가 아닐까 걱정부터 한다. 호기심이 지나치거나 방향이 잘못되면 다른 사람들에게 민폐가 될 수 있다. 특히 교실 수업과 같은 단체 활동에서의 개인적 일탈 행동은 다수에게 피해가 발생할 수도 있어 민감하게 여겨진다. 하지만 이로 인해 우리 아이의 창의성이 억제되고 있다면 생각의 전환이 필요하지 않을까? 의미

없는 말을 계속하기보다 생산적인 이야기를 할 수 있도록 이끌어 주자. 과다 행동에 대해 부정적으로만 보기보다 열정적인 태도를 살려 줄 수 있는 방법을 찾아보자.

3. 평가보다는 성장과 발달을 돕는 과정이 중요해요

"저 100점 받아야 해요. 이게 왜 틀렸어요? 엄마가 100점 맞으라고 했어요. 엄마한테 혼난단 말이에요."

1학년 담임을 맡았을 때 일이다. 받아쓰기면 받아쓰기, 수학이면 수학……, 시험이라면 늘 100점을 받았던 현웅이가 시험지를 받아들고 울었다. 하교하기 전에 나누어 준 시험지가 문제였다. 한 문제를 틀려 95점이었다. 평가를 위한 시험이 아닌 학습 이해도를 알아보기 위한 간단한 시험이었지만 현웅이에게는 100점이 아닌 시험지를 보고 많이 속상했나 보다.

아이들은 알림장을 쓰고 검사를 받았다. 현웅이는 시험지를 가지고 나와 100점으로 고쳐 달라고 떼를 쓰며 꼼짝도 하지 않았다. 일단 아이들 하교 지도를 하고 현웅이와 마주 앉았다.

"우리 현웅이가 100점을 받았으면 좋았을 텐데, 한 문제를 틀려서 속상하구나. 그런 너의 마음을 선생님도 알 것 같아."

현웅이가 서럽게 울었다.

"선생님, 저 100점 아니면 엄마한테 혼나요."

"그럼 어떻게 하면 우리 현웅이 마음이 편할까?"

"저 100점으로 해 주세요. 이 문제 아는데 실수로 틀렸단 말이에요."

"음, 그랬구나. 그런데 선생님이 95점을 100점으로 고쳐 주면 거짓말 100점이 되는데 그래도 괜찮아?"

"네, 그래도 고쳐 주세요. 앞으로는 고쳐 달라고 안 할게요."

어떻게 할지 고민하다가 현웅이에게 틀린 문제를 다시 풀어 보게 했다. 그리고 '비슷한 문제 3개를 다 풀었음'이라고 틀린 문제 위에 쓰고, 100점으로 고쳐 주었다.

얼마 뒤, 방과 후 학교 공개 수업을 보기 위해 학교에 왔던 현웅이 엄마가 교실에 들렀다. 그러고는 죄송하고 고맙다고 하였다. 시험지를 보고 이상하다는 생각이 들어서 어떻게 받은 100점인지를 물어보니 사실을 다 이야기했다는 것이다.

현웅이에게는 누나가 한 명 있다. 공부를 잘해서 항상 100점을 받아 오는 누나. 그런 누나는 부모의 칭찬을 독차지할 뿐만 아니라 늘 자랑거리가 되었고, 할머니 할아버지가 집에 오면 용돈까지 주면서 칭찬을 했다고 한다. 그 모습을 보면서 현웅이 마음속에는 100점이라는 점수가 크게 자리 잡은 것 같다고 했다.

아이들은 어떤 상황에서 어른들의 말과 행동을 보며 '나도 누구처럼 되면 칭찬받을 수 있겠지. 그렇지 않으면 싫어할지도 몰라.'라며 걱정할 수도 있겠다는 생각이 들었다.

그날 이후로 현웅이의 시험 스트레스는 많이 줄었다. 그리고 두 번 다시 틀린 문제를 고쳐 달라고 하지도 않았다.

내 아이가 100점짜리 시험지를 받아 오면 부모는 세상의 모든 것을 다 얻은 것 같은 뿌듯함과 뭔지 모를 안도감에 기쁨을 느낀다. 그럴 때의 부모의 반응과 한 문제, 두 문제를 틀려 왔을 때의 반응을 생각해 보라. 점수에 대한 잘못된 피드백은 아이의 마음에 상처를 주게 된다.

　　요즘 학교에서의 평가는 과정 중심으로 이루어진다. 과정 중심의 평가란 학습의 과정을 중시하는 평가를 강화하여 학생이 자신의 학습을 성찰하도록 한다. 그리고 평가 결과를 활용하여 교수·학습의 질을 개선한다. 과정을 중시하는 평가(과정 중심 평가)는 학습의 결과뿐 아니라 학습의 과정에서 학생들에게 양적, 질적 피드백을 제공하여 모든 학생들이 성취 기준에 도달할 수 있도록 도와준다. 이를 통해 학생들 스스로 자신의 학습을 성찰할 수 있도록 도와주는 것이다. 지금도 단원을 정리하는 사지선다형 문제를 풀고 100점을 기준으로 점수를 주는 지필 평가가 필요한 경우도 있지만, 점수보다 맞은 개수를 적어 주기도 한다. 그 평가 또한 학생들의 성취 기준 도달을 알아보기 위한 평가의 한 방법일 뿐임을 알고 틀린 것을 다시 틀리지 않도록 도와주면 된다.

　　수업 목표에 도달했는지를 평가하는 수행 평가는 수업 태도, 참여 정도 등 관찰 평가도 중시한다. 평가를 위한 평가가 아닌 학습을 위한 평가, 성찰로서의 평가라는 관점을 반영하는 과정 중심의 평가는 평가 자체가 교육적인 활동과 함께 이루어지고 있다. 아이가 어떤 과제를 수행할 때 아이가 보여 준 집중력, 끈기, 방법, 전략 등 그 과정에서 무엇이, 왜 좋았고 잘했는지를 구체적으로 칭찬해 주자. 아이의 시험 점수나 행동의 결과에 대해서만 평가를 내리면 심리적인 부담감으로 일찍 포기할 수 있다.

인성아, 인성아,
협력적 인성아!

"선생님, 준서가 나랑 안 놀아 줘요."

"선생님, 저 혼자 하면 안 돼요? 같이 하면 쟤가 다 망친단 말이에요."

수업 시간에 아이들이 이런 말을 하고 속상해서 눈물을 흘리거나, 분을 참지 못하고 화를 낸다. 가끔은 소리를 지르는 경우도 있다. 모둠 활동으로 과제가 주어질 때 자주 일어나는 일이다.

찰흙 판에 모둠의 작품을 만들어 전시하기로 했다. 4명의 친구들은 무엇을 만들지 함께 의견을 나눴다. 서로 하고 싶은 것이 달라서 주제를 정할 때부터 어려움이 생겼다. 모둠원 중에 늘 부정적인 아이 "나 못해, 나 안 해, 원래 그래, 어쩌라고."라는 말을 많이 하는 아이가 있으면 모두가 승 − 승(너도 좋고, 나도 좋고, 우리 모두 좋은 것!)으로 의견을 모으는 데 더 많은 시간이 걸린다. 그렇게 의견을 주고받으며 해결 방법을 찾아가면서 아이들은 배려와 양보라는 인성을 배운다.

우리 반에 우성이라는 아이가 있었다. 우성이가 가장 많이 하는 말 3종 세트는 "안 해요. 못해요. 싫어요."이다.

정말 수업 시간에 아무것도 하지 않았다. 일부러 반대로 행동하기도 하고 아무 말 대잔치를 벌이기도 했다. 무엇이든 열심히 하고 잘하고 싶어 하는 세희와 짝이 되었을 때는 하루도 조용한 날이 없었다. 게다가 가끔 심술을 부리기도 했다. 쉬는 시간 아이들이 자기들 키보다 높이 만들어 놓은 블록 탑을 툭 쳐서 무너뜨리거나 공기놀이를 하고 있을 때면 공기를 발로 툭 차고 가기도 했다. 친구들의 감정은 중요하지 않은 듯 씩 웃으며 유유히 자리를 떴다. 속상해하고 화가 나는 감정은 남은 아이들의 몫이었다. 그래서 아이들은 늘 "선생님, 우성이가 또 심술부려요." 하고 이르기 바빴다. 그런 우성이를 좋아할 리 없었다.

우성이와 이야기를 나눠 보았다.

"우성아, 네가 그렇게 하면 친구들 마음이 어떨 거 같아?"

"몰라요. 친구들이 나랑 안 놀아 줘요."

"그래? 우성이는 그렇게 생각하고 있구나. 그럼 친구들이 어떻게 놀아 주면 좋겠어?"

"몰라요. 다 짜증나요."

우성이는 친구들과 어울리고 싶어 했다. 그런데 좋은 관계를 맺는 방법을 잘 모르는 것 같았다. 놀고 싶은 마음을 못된 행동으로 드러냈다. 그렇게라도 해서 아이들의 관심을 받고 싶어 했다. 그런 우성이에게 훈육보다는 따뜻한 말 한마디가 중요할 것 같았다. 일단 우성이를 칭찬할 기회가 올 때마다 구체적으로 칭찬을 했다.

"우아, 우성이가 교과서를 잘 펴 놨네. 선생님이 참 기쁘다."

작은 것 하나라도 칭찬할 것을 찾으니 우성이가 달라졌다. 참 힘든 아이, 많은 문제를 일으키는 아이, 주변 친구들을 힘들게 하던 아이가 측은해 보였다. 아이들은 어른의 행동을 보고 따라 배운다. 반 친구들도 우성이를 바라보는 시각도, 대하는 태도도 조금씩 바뀌어 갔다. 그렇게 조금씩 인정받기 시작한 우성이는 친구들 주변을 서성이기 시작했다. 친구들은 그런 우성이를 불러 함께 놀기 시작했다.

우리 아이가 친구들과 함께 있을 때 서로의 장점을 살리면서 시너지를 낼 수 있는 협력적인 아이인지 생각해 보자. 모둠이 함께하는 하나의 작품 속에 소소한 나의 의견이 들어가고 나의 생각이 들어간다. 내가 생각하지 못했던 것을 친구가 생각해 내는 것을 보며 흥미를 느끼는 순간이기도 하다. 그렇게 만들어진 결과물은 우리라는 동질감을 갖게 하고 그 과정을 거치면서 협력적 인성 교육이 완성되어 간다. 이제까지의 협력이 내가 가진 재능과 기술에 맞추어서 각자의 이익을 증가시키기 위해 협력하는 것이었다면, 협력적 인성 교육에서의 협력은 각자의 재능과 기술을 발견하고 찾아내서 그것을 서로와 맞추는 집단 지성이다. 이는 더불어 살아가고자 협력하는 것이라는 점에서 이전과는 차이를 보인다.

내 아이가 친구들과 잘 어울리지 못하는 것 같다고 걱정할 필요는 없다. 친구들과 잘 어울리는 아이들은 한 가지를 참 잘한다. 친구의 말을 잘 들어주는 거 말이다. 친구가 말할 때 경청하고 "그랬구나." 하며 맞장구 쳐 주는 아이들은 친구들에게 늘 인기가 많다.

한자 들을 청(聽) 자는 눈 목, 귀 이, 마음 심, 임금 왕자가 들어 있다. 듣는다는 것은 말하는 사람을 보고, 귀로 들으며, 마음으로 공감하고, 임금처럼 대해 준다는 의미이다. 내 말만 하려는 아이, 관심 없는 것은 듣지 않는 아이, 주위가 산만한 아이라면 듣는 것의 중요성을 일러 주어야 한다. 부모부터 아이의 말을 끝까지 들어주고 "아, 네 생각은 그렇구나." 하며 인정해 주는 과정이 필요하다. 잘 들어주는 좋은 습관이 협력적 인성 교육의 지름길임을 기억해야 한다.

1. 다섯 글자 예쁜 말로 표현하기

"선생님, 사랑합니다."

"그래. 사랑하는 우리 한석이 왔니?"

어느 동요의 가사처럼 쓰면 쓸수록, 들으면 들을수록 행복해지는 다섯 글자 예쁜 말 '감사합니다. 고맙습니다. 사랑합니다. 안녕하세요. 아름다워요. 노력할게요.'라는 말이 몸에 배어 있는 한 아이가 있었다.

늘 웃는 얼굴에 밝은 표정으로 교실 문을 열며 인사하는 한석이는 다른 아이에 비해 학습 이해가 더딘 편이었다. 그래서 가끔은 나머지 공부를 하면서 그날 다하지 못한 과제를 마무리하고 가는 날도 있었다. 그런 한석이를 친구들은 좋아했다. 자신을 기쁘게 한 것에 대해 항상 고마움을 표현하고 다른 사람이 호의를 베풀었을 때 고맙다고 감사하다고 표현을 해 주었기 때문이다.

체육 시간을 마무리하고 있었다.

"오늘 달팽이 놀이 활동 즐거웠나요?"

"네. 선생님, 한 번만 더 하면 안 돼요?

아이들은 땀을 뻘뻘 흘리면서도 지친 기색 하나 없이 한 번만을 외치고 있었다.

"야, 뭐가 재밌냐? 선생님, 하지 말아요. 별로 재미없어요."

가장 앞에 서서 신나고 즐겁게 참여했던 상민이었다. 상민이는 늘 부정적이었다. 똑같은 상황에서 엄지를 척 세우면서 즐거웠다고 행복하다고 말하는 한석이와는 많이 달랐다. 상민이는 영재 수학 문제집을 풀고 있을 만큼 영민하고 우리 반에서 가장 많은 독서 스티커를 받고 있을 만큼 박학다식한 아이였다. 하지만 늘 친구들 험담을 하고 잘하는 것보다 못하는 것을 지적하며 쉽게 짜증을 내고 불쾌해하며 부정적인 면을 더 집중해서 보았다. 아이들은 부정적인 상민이의 행동을 자주 일러바치러 왔다.

"선생님, 상민이가 저보고 그것도 못 하냐며 놀려요."

하루에도 몇 번씩 듣는 말이었다.

한석이의 긍정적인 태도와 자주 사용하는 다섯 글자 예쁜 말의 힘은 주변으로 빠르게 확산되었고, 행복의 연쇄 반응으로 교실 분위기를 밝게 만들어주었다. 분명 다섯 글자 예쁜 말은 다른 사람의 마음을 끌어당기는 힘이 있다.

다섯 글자 예쁜 말을 자주 하는 아이라면 개인적으로 갖추어야 할 바람직한 심성, 그리고 함께 생활하는 데 필요한 인성 및 행동 특성을 갖추고 있을 거라 생각된다. 아이가 어떤 사람을 대할 때나 어떤 상황에서 부정적인 면을 주로 보게 되면 좋은 사람과 관계 맺기가 점점 더 힘들어질 수 있다. 부모와 아이가 대화를 할 때 긍정적인 언어를 사용하자. "어휴! 너 때문에 못살아.", "바빠 죽겠는데.", "좋을 말로 할 때."라는 말보다 네가 있어 고맙고 감사하고 행복하고 자랑스럽다는 말을 한 번이라도 더 해 주자. 예쁜 말이 습관이 될 수 있도록.

2. 문화 예술 교육으로 예술적 감수성을 키워요

"선생님, 1학년 때는 미술 그리기 대회가 많은 것 같던데 아무래도 미술 학원을 보내는 것이 좋겠지요?"

한 학부모가 조심스럽게 물어 왔다. 뭐라고 말을 해야 할까 고민하다가

"네, 과학 상상화 그리기 대회, 나의 꿈 그리기 대회 등 그리기 대회가 많긴 해요. 그리기를 좋아한다면 좋은 경험이 되겠죠."

하고 대답을 했다.

그리기 대회가 있다는 알림이 나가면 일부 엄마들은 며칠 전부터 아이와 그리기 연습을 한다. 하지만 아이의 감수성을 풍부하게 해 주는 상상 속 대화가 오고 가는 아이들 그림은 다르다.

학원에서 그려 보고 오는 아이들도 많다. 그래서 그런지 해마다 비슷한 그림을 보게 된다. 자신의 생각을 마음껏 표현할 수 있는 시간이지만 대회라서 그런지 준비한 그림을 열심히 그리는 아이, "저 상 안 받아도 돼요."라고 말하며 대충대충 그리는 아이, 이 친구 저 친구의 그림을 보며 아이디어를 얻는 아이…….

"선생님, 민석이가 내 그림 이상하대요."라고 말하며 속상해하는 아이도 있다.

"선생님, 이건 날개인데요, 여기서 물이 나와요." 자기만의 생각을 하나하나 그려 가는 아이도 있다. 잘 그린 그림도 좋지만 주제와 아이의 눈높이에 맞게 상상한 것을 잘 표현했는지를 보게 된다.

요즘은 잘 그렸다 못 그렸다를 떠나 가장 자기다운 그림을 함께 칭찬한다. 친구들의 그림을 보고 왜 그런 그림을 그렸는지 들어 보고 질문하면서 서로 잘된 점, 알게 된 점을 칭찬한다.

친구들에게 가장 많은 관심을 받았던 은아의 그림에는 날개가 달린 문어가 불을 끄는 모습이 그려져 있었다. 12개의 발에 커다란 물탱크를 달고 있었다. 한 번에 많은 불을 끌 수 있는 장점이 있단다.

"문어가 물탱크를 어떻게 들고 날아가요?"

"문어 빨판에 딱 붙여서 가면 돼요."

"너무 무거워서 날다가 떨어지면 어떻게 해요?"

"문어 머리가 동그랗게 낙하산처럼 생겨서 걱정하지 않아도 돼요."

처음엔 "쟤 그림 이상해요. 저런 게 어디 있어요?" 하며 말도 안 된다는 듯이 말하던 아이들도 자신과 다른 생각을 하는 친구에게 빠져들기 시작했다.

아이들의 감성을 자극하는 질문은 계속되었다.

미술도 그렇지만 다양한 예체능 수업도 자신을 표현하고 감성을 나누며 서로의 다름을 인정하면서 이루어진다. 그렇게 행복함과 즐거움으로 또 다른 감성 체험을 한 시간이었다.

미래는 물질이 삶의 질을 결정하는 것이 아니라 정신적 풍요가 삶의 가치를 결정하는 시대로 전환될 것이라고 내다보는 학자들이 많다. 인간의 삶을 풍요롭게 하는 문화 예술이 중요한 국가 경쟁력으로 떠오르는 시대이기도 하다.

미래 사회는 인간이 할 수 있는 모든 일을 로봇이 대신할 수 있다고 한다. 그러나 인간 고유의 능력인 창의성과 감성도 로봇이 대체할 수 있을지는 의문이다. 작곡이나 기사 작성 등 로봇이 인간보다 뛰어난 한 가지 작품을 흉내 낼 수 있을지는 몰라도 사람의 감성을 모두 표현하는 것은 어려울 것 같다. 로봇이 꽃을 보며 아름답다는 감정을 느끼거나, 산에 올라 하늘을 보며 가슴이 뻥 뚫리는 시원함을 느낄 수 있을까?

현대 사회와 같이 복잡한 세상에서 지식만을 얻기 위한 교육은 이제 한계에 직면했다. 모든 지식은 책이나 선생님이 알려 주지 않아도 인터넷을 통해 쉽게 습득할 수 있다.

미래를 살아갈 아이들에게 필요한 것은 지식이 아니라 지식의 옳고 그름을 판단하는 능력과 다른 사람들의 입장과 감정, 욕구를 이해하는 공감 능력이다. 예술적 감성 능력의 발달은 공감 능력의 발달로 발전할 수 있다고 한다. 아이들이 예술적 체험을 많이 할 수 있도록 도와주는 것이 부모가 할 일 중의 하나라 하겠다.

1학년이 배우는 교과는 국어, 수학, 기본 생활 습관과 기본 학습 습관을 형성하도록 돕는 바른 생활, 주변에 대한 관심과 이해를 도모하도록 돕는 슬기로운 생활, 창의적인 표현력을 지닌 건강한 사람이 되도록 돕는 즐거운 생활 등이다. 주제별 교과서인 바른 생활, 슬기로운 생활, 즐거운 생활의 내용을 보면 봄, 여름, 가을, 겨울을 주제로 구성되어 있다.

바른 생활 – 자기 관리 역량, 의사 소통 역량, 공동체 역량
슬기로운 생활 – 지식 정보 처리 역량, 창의적 사고 역량, 의사소통 역량
즐거운 생활 – 창의적 사고 역량, 심미적 감성 역량, 의사소통 역량

주제별 교과서에서는 위 교과 역량들을 세 교과에서 서로 유기적으로 연계하여 지도할 수 있도록 하였다.

아이들이 학교에 오면 기본 생활 습관과 기본 학습 습관을 형성하도록 돕는 실천 활동 중심의 교과(바른 생활), 주변에 대한 관심과 이해를 도모하도록 돕는 탐구 활동 중심의 교과(슬기로운 생활), 창의적인 표현력을 지닌 건강한 사람이 되도록 돕는 표현 놀이 중심의 교과(즐거운 생활)를 만나게 된다.

대주제를 보면 학교·봄·가족·여름·마을·가을·나라·겨울로 구성되어 있다. 주제를 살펴보면 가족과 함께 미리 경험해 보면 좋은 것들이 있다.

저학년은 무엇보다 안정적으로 학교에 적응하면서 신체적, 정서적 발달을 깊이 들여다볼 수 있는 감각 통합적인 활동을 교육과정에 재구성했다. 유치원과 다른 공간에 대한 불안과 두려움을 이겨 내고 재미있는 학교생활을 할 수 있도록 체험 학습을 준비해 보자.

tip 〉 체험 학습 신청서 사용 방법

> 개인 체험 학습이란 학교장의 사전 허가를 받은 후 실시간 체험 학습으로 관찰, 조사, 수집, 현장 견학, 답사, 문화 체험, 직업 체험 등의 직접적인 경험, 활동 실천이 중심이 되어 교육적인 효과를 나타내는 폭넓은 학습을 의미한다.
> 기간은 연속 5일 이내(휴무, 토요일, 공휴일 제외, 연간 20일 이내)이며, 체험 학습 전 내용을 계획하여 일반적으로 3일 전까지 신청서를 제출하고 신청서 승인 및 가정 통보 후 체험 학습을 실시한다. 체험 학습 보고서는 체험 후 7일 이내 담임 교사에게 제출해야 결석으로 처리하지 않는다. 규정은 학교마다 약간의 차이가 있을 수 있으나 신청서와 보고서 양식은 보통 학교 홈페이지에 있다.
> 체험 학습 신청서의 내용은 볼 것, 할 것, 배우게 될 내용 등을 간단하게 적으면 되고 보고서에는 체험한 것을 모두 적으려고 하기보다 인상 깊었던 일, 재미있었

던 일로 먼저 내용을 정리한다. 부모의 숙제가 아니므로 아이가 스스로 정리할 수 있도록 도와주는 것이 좋다.

■ 코로나와 같은 감염병 위기 단계 '경계' 또는 '심각' 단계가 발령될 경우, 한시적으로 '가정 학습' 내용으로 최대 40일까지 허용하며 가정 학습 사유는 등교 수업일에 해당하는 날짜만 신청 가능하다.

1. 엄마 아빠 손잡고 동네 한 바퀴

1학년이 되면 주변에 대한 관심과 이해를 돕기 위한 활동을 많이 하게 된다. 우리 동네에서 자기가 가 본 곳은 어디에 위치해 있고 그곳에서 무엇을 하는지 잘 알고 있다. 그래서 발표를 잘한다.

학교 교문을 중심으로 어떤 건물들이 있는지 이야기를 나누는 시간이었다.

"슈퍼마켓이요, 치킨집이요……."

그리고 한참 동안 짝꿍, 모둠원들끼리 그곳에 가서 무엇을 했는지 신이 나서 이야기를 했다. 아마도 즐겁고 좋은 기억이 있는 것 같았다.

'내 이웃 알아보기' 단원은 주변에서 볼 수 있는 이웃들에 대한 이야기로 교육과정이 구성되어 있다. 놀이터에서, 버스에서, 식당과 영화관에서, 나눔장터에서 만나는 모든 이웃들이 화제가 된다.

특히 놀이터에서는 안전하고 즐겁게 놀이 기구를 사용하는 방법에 대한 대화가 필요하다. 학교에 있는 놀이 시설과 조금 다른 것일 수도 있지만 학교 적응 기간에 놀이 시설 사용 방법에 대해 함께 배운다.

우리 집 주변과 학교 주변에는 어떤 이웃이 있고 어떤 건물이 있는지 가족들과 함께 시간을 내어 둘러보는 것이 좋다.

그리고 매일 마주치는 교통경찰, 자주 가는 가게 점원, 머리를 매만져 주는 미용실의 미용사 등 이웃들이 하는 일을 알아보고 그 이웃들과 더불어 행복하게 살아가기 위해 지켜야 할 질서에 대해 이야기를 나눠 보는 것이 도움이 된다.

학교와 집 주변에 있는 놀이터에서 위험한 행동이 무엇인지 알아보고 우리 집과 이웃을 깨끗하게 하기 위한 쓰레기 처리 방법도 이야기해 보자.

아이와 천천히 동네를 한 바퀴 돌면서 이전에는 주변에 있는 줄도 몰랐고 관심이 없었던 것을 관찰하면 좋다. 관찰하면서 새롭게 알게 된 점에 대해 이야기해 보고, 아이가 중요하게 생각하지 않았던 이웃 사람들을 주제로 질문하고 답변해 보자. "만약 ~이 없다면 어떻게 될까?"라고 물어보고 아이와 함께 여러 가지 답을 찾으면서 동네를 한 바퀴 돈다면 다음에 그곳을 지나칠 땐 관심을 가지고 작은 변화를 찾아내는 창의력을 발휘하게 될 것이다.

2. 시장에 가요

"선생님, 추석에 떡국도 먹어요?"

이날 수업 목표는 추석의 의미를 알고, 추석에 하는 일을 알아보는 것이었다. 음식 스티커를 이용해 추석에 먹는 음식으로 상차리기 수업을 했다. 음식

스티커는 교재의 부록으로 나와 있다. 추석 음식뿐만 아니라 설날이나 다른 명절에 먹는 음식도 함께 섞여 있다.

추석의 대표 음식을 친구들과 함께 이야기하며 먹어 본 것 중에 내가 좋아하는 음식도 이야기하느라 시끌벅적한 시간이었다. 그때 한 모둠 아이들의 목소리가 커졌다.

"난 떡국도 좋아해."

"야, 너 스티커 잘못 붙였어. 무슨 추석에 떡국을 먹냐. 떡국은 설날에 먹는 거야."

"나 떡국 어제도 먹었어. 엄마가 자주 해 주시는데……."

"너 그럼 천 살이냐? 떡국 먹으면 한 살 먹는 거야."

아이들은 주거니 받거니 하면서 떡국을 추석에도 먹는다, 안 먹는다 하면서 한참 설전을 벌였다. 그리고 나에게 왔다. "선생님!" 하고 부를 때 그 자신감에 찬 눈빛을 보며 확신을 더해 주었다.

"그래, 떡국은 설날에 먹는 음식이란다."

"그것 봐. 설날이잖아. 스티커 떼어야 해."

이것으로 단원의 한 단락이 마무리되었다.

제철 과일이나 명절 음식에 대해 배우면서 아이들은 혼돈을 느낄 수 있을 것이다. 송편뿐만 아니라 상차림에 필요한 다른 음식과 과일도 시장이나 백화점에 가면 언제든 사서 먹을 수 있기 때문이다. 요즘엔 여름 과일인 수박을 한겨울에도 먹을 수 있다. 상차림 놀이 활동이 생각보다 시간이 많이 걸린 이유이다.

> 아이와 함께 시장을 한 바퀴 돌면서 상차림에 필요한 음식과 명절의 유례도 알아보자. 그 음식을 먹을 수 있도록 애써 주신 분들께 감사하는 마음을 갖자. 그리고 아이에게 추수할 때의 기쁨을 함께 나누기 위한 농악대의 풍물놀이를 경험해 볼 수 있는 기회를 만들어 준다면 떡국을 추석에 먹는 음식으로 생각하지는 않을 것이다.

3. 소소한 주제라도 아이들과 이야기를 나누세요

"태풍에 눈이 있다니깐!"

"태풍에 무슨 눈이 있냐? 그럼 태풍 안경도 있겠네."

수업 시간에 번쩍 손을 들어서 발표하기 좋아하는 아이들도 있지만 알면서도 가만히 앉아만 있는 아이들도 있다. 그런데 아이들 모두가 웃으면서 끊임없이 이야기하고 싶어 하는 것은 즐겁게 체험한 추억을 말하는 것이다.

여름 관련 수업을 하다가 태풍에 관한 이야기가 나왔다.

"선생님, 저 태풍이 무엇인지 알아요. 우리 아빠가 태풍도 눈이 있대요."

그 말이 끝나기가 무섭게 이야기가 이어진다.

"저는 태풍 체험관에서 태풍 체험도 했어요. 바람이 엄청 세게 불어서 날아갈 뻔했어요."

"저는 우산이 뒤집어져서 비를 다 맞았어요."

"저희 엄마가 베란다 창문에 신문지랑 테이프를 붙였는데 지금도 테이프 자국이 있어요."

아이들은 쉴 틈이 없이 태풍 이야기를 이어 갔다. 손을 들고 발표를 하고도 아직 할 말이 더 있는지 이야기의 끝은 보이지 않았다. 그날 태풍 수업은 태풍에 대해 각자의 경험과 지식을 공유하는 신나고 즐거운 시간이었다.

교사인 나는 태풍의 위력을 알 수 있는 동영상을 보여 주었고 아이들이 궁금해하는 태풍의 눈도 보여 주었다. 그리고 태풍이 불 때 안전한 생활을 위해 할 수 있는 것을 함께 찾도록 했다. 스스로 하는 수업, 질문이 있는 수업이었다.

"아빠가 그랬는데요…….", "엄마가 알려 줬어요." 수업을 하다 보면 이런 말이 자주 나온다. 가정에서 아이와의 일상적인 대화가 곧 공부이고 지식과 지혜가 된다는 것을 알 수 있는 부분이다. 그뿐만이 아니다. 자기가 모르는 것을 가르쳐 준 부모를 자랑스럽게 생각하며, 친구들 앞에서 어깨가 으쓱해지기도 한다.

아이들의 경험은 또 다른 상황을 상상하고 생각하게 하며 확산적 사고를 키운다. 일상의 소소한 주제로 풍성한 대화를 나누고 끊임없이 궁금증을 가지게 하자. 그러면 어느 순간 친구들과 함께 하는 수업 시간이 즐겁고 행복한 추억으로 남을 것이다. 가족과 함께 체험하고 경험하며 함께 이야기 나누는 시간을 많이 가졌으면 좋겠다.

삶의 모든 순간이 다양한 소리와 다채로운 모습, 그리고 냄새로 둘러싸여 있다. 그중 아이와 함께 삶에 즐거움을 주는 것들을 찾아보자. 아이가 자신의 주변에 호기심을 가지고 감각(시각, 청각, 후각, 촉각)을 민감하게 이용해 주변의 여러 환경 요소를 느끼며 다양한 방식으로 세상을 관찰하도록 하자.

4. 옛날에는 어떤 놀이를 했을까요?

"나 어제 대박 짱 큰 왕딱지 접었다. 아빠가 알려 줬어."

"우아, 나도 가르쳐 줘라. 위아래가 똑같네. 신기하다."

쉬는 시간이 되면 플라스틱 딱지 대신 신문지나 이면지, 색종이로 접은 다양한 딱지들이 교실 바닥을 수놓는다. 아이들은 그 딱지들로 딱지치기를 한다. 어느 순간 교실 구석에 옹기종기 앉아서 순서를 정하고 비장한 모습으로 딱! 딱! 치는 딱지치기는 소그룹에서 대그룹으로, 반에서 학년으로, 교실에서 복도, 운동장까지 번져 나간다. 각 반에는 딱지 왕이 있고 하루에도 몇십 개의 딱지들이 새로운 주인을 찾아 이리저리 왔다 갔다 하느라 바쁘다. 여자아이들은 공기놀이를 많이 하지만 그중 몇몇은 남자아이들과 어울려 신나게 딱지치기를 하며 즐겁게 논다. 삼삼오오 모여서 하하, 호호 웃는 참 행복해 보이는 쉬는 시간 10분의 집중력.

아이들과의 수업 중에 우리의 옛 문화를 알아보는 시간이 있다. 옛날 결혼식과 오늘날의 결혼식의 차이, 그리고 지금은 보기 힘든 빨래터 풍경과 씨름, 타작 등 옛 문화와 이동 수단을 공부한다.

또한 전통 가옥을 알아보고 우리나라 전통 놀이(팽이치기, 딱지치기, 윷놀이, 사방치기, 구슬치기, 고무줄놀이 등)를 친구들과 함께 체험해 본다. 수업을 하다 보면 직접 보고 듣고 경험해 본 아이들이 수업에 더욱 흥미를 가지고 몰입하며 자신감을 보인다. 그리고 친구들의 물음에 대한 해결사가 되어 성취감을 맛보기도 한다.

시간을 내서 아이들과 함께 민속 박물관이나 농업 박물관, 민속촌을 다녀오면 좋겠다. 시간이 여의치 않다면 함께 딱지를 만들어 가족 딱지치기 대회도 하고 공기놀이를 해 보는 것은 어떨까? 수업 시간에 아이들의 발표와 대화가 한층 더 풍성해질 것이다.

요즘은 우리나라 전통 문양을 떡이나 처마뿐만 아니라 여러 곳에서도 볼 수 있다. 서울 인사동 거리를 걸으며 전통 음식(삼계탕, 갈비, 김치, 잡채, 비빔밥 등)을 맛보고 우리 그릇 도자기도 만들어 보면 좋겠다.

한국박물관협회(www.museum.or.kr)에 들어가면 국립, 사립, 공립 박물관과 미술관뿐만 아니라 각 지역별 박물관까지 안내 받을 수 있다.

놀이가 밥인 아이들은 놀이를 하면서 자라난다고 해도 과언이 아니다. 놀이를 통해 학교가 즐겁고 친구들과도 더 잘 어울려 놀 수 있기 때문이다. 그러므로 내 아이가 스스로 놀이를 만들고 규칙도 만들어 보면서 자연스럽게 놀이를 이끌어 갈 수 있도록 도와주어야 한다. 어떤 놀이든 괜찮다. 많은 놀이를 체험해 본 아이들이 쉬는 시간과 점심시간을 즐겁게 이끄는 모습을 자주 본다. 놀이를 할 때 다른 사람을 배려하는 자세까지 알려 준다면 아이는 자기 반의 스타가 될 것이다. 작은 거라도 어렸을 적 엄마가 했던 놀이 중 하나를 함께 해 보면 그것이 곧 놀이의 씨앗으로 자라는 모습을 확인하게 될 것이다.

진로 교육!
미래 교육을 준비해요

"자, 오늘은 나의 꿈에 대해서 말해 볼까요?"

"선생님, 저는 꿈이 없어요."

1학년 아이들과 나의 꿈에 대해 발표하고 그림을 그려 보는 시간이었다. 대부분의 남자아이들은 경찰관, 축구 선수, 박사, 의사, 사장님, 변호사를 선호하고 여자아이들은 선생님, 요리사, 미용사, 화가, 가수를 많이 그린다.

다양한 직업을 알아보기 위해 친근한 동네 가게부터 그곳에서 일하는 분들을 알아본 후 나는 무엇을 잘하는지, 무엇을 좋아하는지 모둠 친구들과 이야기를 나누었다.

꿈이 없다며 모둠 활동 내내 아무 말도 하지 않는 은별이에게 물었다.

"은별아, 우리 은별이가 어른이 되면 어떤 일을 하며 살면 좋겠어?"

"저는 피자를 매일매일 먹을 수 있으면 좋겠어요."

"은별이가 피자를 좋아하는구나. 어떤 피자를 먹으면 기분이 좋을까?"

"음……."

은별이 눈망울이 초롱초롱 빛났다.

"저는 세상에서 하나밖에 없는 피자를 만들어서 먹고 싶어요."

그렇게 은별이는 기분 좋은 상상을 계속하더니 마침내 종이에 그림을 그리기 시작했다. 은별이의 그림은 특별했다. 피자를 만드는 요리사 그림이 아닌 신제품 울트라 캡숑 피자(은별이가 만들 피자 이름)를 단숨에 그렸다. 이다음에 어른이 되면 피자를 만드는 사람이 되고 싶다면서.

초등학교 진로 교육은 자신과 일에 대한 이해와 긍정적 가치를 형성하고 다양한 진로 탐색과 체험을 바탕으로 자신의 꿈을 찾고 진로를 설계할 수 있는 진로 개발 역량의 기초를 기르는 것이다.

초등학교 1~4학년은 예비기로 설정하여 진로 인식 중심의 진로 교육을 실시하는데, 주로 교과와 연계하여 창의적 체험 활동 시간에 이루어진다. 1학년 아이들에게는 나의 관심사와 나의 특기, 나의 장점과 단점을 생각해 보게 한다.

지금 아이들이 꿈꾸는 직업 중 기계와 로봇이 사람의 노동력을 대체할 수 있는 직업의 경우 역사의 뒤안길로 사라질 것이다. 반면 로봇으로 대체하기 어려워서 미래에 더욱 각광 받을 직업도 있을 것이다.

기술력이 하루가 다르게 뒤바뀌는 4차 산업혁명 시대에 전반적인 산업 분야에 IT 기술이 빠르게 결합되고 있다. 전문가의 예측에 따르면 2030년까지 없어질 직종이 약 20억 개라고 한다. 그렇다면 우리 아이에게 필요한 진로 교육은 무엇일까?

아이의 목표 의식을 키우는 첫 단계는 자신이 무엇을 하고 싶고, 무엇이 되고 싶고, 무엇을 원하는지 생각해서 자기만의 목표를 세우는 것에서 출발한다. 다른 사람을 의식하지 않고 자신이 좋아하고 잘하는 분야에서 목표를 설정하게 하자. 그저 최선을 다하자는 두루뭉술한 조언에 그쳐서는 안 된다. 목표 달성을 위해 할 수 있는 작은 일을 계획하고 해결 방법을 스스로 찾아가는 활동을 통해 목표 의식을 길러 주자. 그 목표를 완수했을 때는 부모가 아이를 얼마나 자랑스럽게 생각하는지 이야기해 주자.

　진로 교육은 남 보기 좋은 직업, 돈 많이 버는 일자리를 찾아 주는 것이 아니라 행복한 삶을 위한 인생 설계 역량을 키워 주는 것이다. 그래서 아이들이 자신의 삶의 목표를 설정하고 스스로 진로를 선택하는 것이 중요하다. 그러한 선택이 실현될 수 있도록 자기 역량을 키워 주는 것이 어른들이 할 일이다. 다양하고 복잡한 미래의 직업 사회는 단순히 현재 좋은 일자리를 찾아 주는 것보다는 진로 개발 역량을 키워 주는 것이 아이들이 미래 사회에 유연하게 적응할 수 있게 돕는 것이다. 무엇보다도 진로 교육은 우리 아이들을 행복하게 하는 것이어야 한다. 그러므로 아이들에게 자신이 원하는 분야를 배우고 느껴 볼 수 있는 기회를 제공하는 것이 중요하다.

사람에 따라 다른
학습 스타일

이명자
입니다.

교육의 역할은 아이의 무한한 잠재 능력을 믿고 스스로 결정할 수 있도록 그 필요한 역량을 개발해 주는 일이라고 생각합니다. 하나의 내용을 아는 게 중요한 것이 아니라 관련 역량이 개발되는 데 초점을 맞추고 응원해 주어야 합니다. 그러기 위해서는 자녀를 존중하고 자존감을 높여 주어야 합니다. 자녀의 선택을 존중하고, 모든 해답은 자녀의 내부에 있다는 것을 믿고 각자가 자신의 역량을 최대한 발휘할 수 있도록 도와주어야 합니다.

내 아이는 누굴 닮았을까?

교실 현장에서 보면 수업에 임하는 아이들의 특성은 다양하다. 설명만 듣고도 잘 이해하는 아이가 있는가 하면, 꼭 실물을 만져 봐야 이해하는 아이도 있다. 또 직접 자신이 자료를 찾아보는 수업을 좋아하는 아이가 있는가 하면 교사 중심의 지식 전달 수업을 좋아하는 아이도 있다. 여럿이 함께 모여 공부하기를 즐기는 아이, 혼자 하는 것을 좋아하는 아이 등등 공부하는 스타일도 성격만큼 다양하다.

이는 아이마다 강점 지능이 다르고 정보를 받아들이는 방식이나 선호하는 공부 방법이 각각 다르기 때문이다.

"어머, 지효는 만들기를 참 잘하네요."

"댁의 아이는 이야기를 참 맛깔나게 하던데요."

"하지만 우리 지효는 말을 잘 안 해서 고민이에요."

"우리 혜인이는 이야기는 잘하지만 혼자 하는 것을 싫어해서 가끔은 너무 귀찮을 때도 있어요."

"두 아이 성향을 섞어서 반반 나누면 좋겠어요. 호호호."

엄마 둘이서 자기 아이들 이야기를 하고 있다.

아이마다 서로 다른 성향!

나와 성향이 다른 아이를 나를 기준 삼아 키워도 되는 걸까?

"엄마 닮아서 그런가 봐."

"하는 짓이 지 아빠랑 똑같다니까."

나와 서로 달라서 매력을 느낀 배우자, 다름을 인정하고 존중해 주면 다툼이 없지만 나와 같기를 바라면 그때부터 다툼이 시작된다!

생각보다 다름을 인정하는 것은 쉬운 일이 아니다. 특히 자녀에 대해서는 더더욱 그렇다.

'엄마 말만 잘 들으면…….'

모든 것을 다 잘할 수 있을 것 같은데 죽어라 듣지 않는 청개구리 같은 아이, 어떻게 해야 할까?

내 아이 강점 지능은 무엇일까?

1. 우리에겐 8가지 지능이 있어요

'지능' 하면 대부분 IQ를 떠올리게 되지만 하워드 가드너는 인간에게는 8가지 지능이 있다고 주장하였다. 그의 주장에 따르면 언어와 수학을 잘하는 것만 지능이 아니라 운동을 잘하는 것도, 그림을 잘 그리는 것도, 노래를 잘 부르는 것도 지능이고, 사람을 잘 사귀고 자기 관리를 잘할 줄 아는 것 또한 지능이다.

정도의 차이는 있지만 누구나 8가지의 다중지능을 가지고 있다. 이 8가지의 지능은 다양한 방식으로 상호 작용하여 한 사람의 독특함을 만들어 낸다. 그래서 다중지능의 높고 낮은 분포를 살펴보면 아이의 특성을 파악하는 것뿐만 아니라 아이가 선호하는 학습 계열이 무엇인지, 아이의 인지 양식은 어떠한지 알 수 있으며 효과적인 학습 방법에 대한 정보도 얻을 수 있다. 또한 아이의 흥미와 관심을 파악할 수 있어 아이 진로에 대한 도움을 받을 수 있다.

> 인간에게는 서로 다른 8가지 지능이 있다고 주장하는 하워드 가드너의 다중지능 이론에 대해 더 알고 싶으면 하워드 가드너의 저서 『마음의 틀(Frames of Mind)』을 읽어 보는 것도 좋다.

"우리 아이는 8가지 지능 중 어느 지능이 강점 지능일까?"

세계적인 가수로 성장한 케이팝(K-POP) 그룹들을 떠올려 보자. 그들이 가진 공통적인 강점 지능은 아마도 음악 관련 지능일 것이다. 그렇다면 단순히 음악 관련 지능이 높다는 이유만으로 그들이 세계적인 가수가 되었을까? 그들 중에는 수준 높은 작곡을 하는 멤버도 있고, 뛰어난 안무 구성력을 가진 사람, 또 구성원 간의 협업이 잘되도록 이끌 수 있는 사람 등이 존재한다. 그들 각각이 자신이 가진 능력을 최대한 발휘하고 조화를 이루어 세계적인 그룹으로 성장했을 것이다. 그들은 기본적으로는 음악 관련 지능이 높고, 춤도 잘 추는 것으로 보아 신체 관련 지능도 강점 지능 중 하나일 것이다. 이외에도 혼연일체가 된 칼군무가 나오기까지의 힘든 연습 과정을 이겨 내는 자기 관리 지능, 서로 협업하는 인간관계 지능 또한 대체로 높을 것이다. 높은 기량으로 세계적인 선수로 발돋움한 축구 선수도 신체 관련 지능만 높은 것은 아니다. 힘든 훈련을 견디어 내는 자기 관리 지능과 팀과 서로 협력하는 인간관계 지능 그리고 골과 패스를 정확하게 할 수 있는 공간 지각 능력 등이 조화를 이루어야 더 높은 위치에 오를 수 있기 때문이다. 이처럼 모든 인간은 개인마다 정도의 차이는 있지만 서로 다른 지능의 강하고 낮은 분포를 가지고 있다. 각자의 다중지능 프로파일에 의해 특정 분야에서 우뚝 설 수도 있고, 어느 한 지능의 부족으로 빛을 발하지 못할 수도 있다.

언어 관련 지능이 높은 사람 중에는 말은 잘하지만 글쓰기를 힘들어 하는 사람도 있고, 글쓰기는 잘하지만 말을 조리 있게 하는 데는 서툰 사람도 있다. 그리고 개중에는 글과 말 언어와 관련하여 다방면에 뛰어난 사람도 있다. 또한 수학 관련 지능이 높은 사람 중에는 어려운 수학 문제는 잘 풀면서도 일상생활의 돈 계산에서는 실수를 범하는 사람도 있다.

강점 지능이 같다고 모두가 똑같은 결과로 나타나지는 않는다. 개인이 가지고 있는 다중지능 프로파일이 각자 다르기 때문에 한 가지 지능이 높다고 같은 결과가 도출될 수는 없는 것이다. 이는 지능은 어떤 틀에 박힌 특성을 보이지 않는다는 것을 의미한다. 그러므로 어떤 한 가지 지능을 계발할 때에는 각 지능이 주고받는 복잡한 상호 작용을 잘 생각하여 다양한 방법으로 접근해야 한다.

2. 우리 아이의 높은 지능, 강점 지능은 무엇일까?

우리는 각자 8가지 지능을 모두 가지고 있다. 다만 개인 안에 높고 낮은 지능의 분포가 다를 뿐이다. 그래서 우리가 생각하는 지능인 IQ가 높지 않아도 각자의 강점 지능을 잘 발휘하여 성공적인 삶을 살아갈 수 있다.

아이의 다중지능 프로파일을 알면 아이를 이해하는 데에도 도움을 받을 수 있을 뿐만 아니라 아이의 성공적인 학교생활과 미래 진로를 위한 팁도 얻을 수 있다.

어준이의 강점 지능은 언어 관련 지능?

"우리 석이는 선생님 흉내를 잘 내요. 학교에서 무슨 일이 있었는지 다 알 정도로요."

"음, 우리 아이는 남자라서 그런가? 학교 이야기를 도통 안 하니 참 답답해요. 그저 체육 시간에 무엇을 했는지 그것만 기억하는 듯해요."

"그래도 어준이는 체육 시간이나 친구들과 운동한 이야기는 잘하잖아요. 특히 축구에 대해서는 모르는 게 없고 이야기를 할 때면 아주 실감나게 말하던걸요."

석이와 어준이는 둘 다 말을 잘한다. 시시한 내용이어도 실감나게 말하면서 재미를 주는 사람이 있다. 텔레비전 프로그램 중에서, 특히 예능 분야에서 시청자를 유쾌하게 하는 연예인들은 대체로 언어 관련 지능이 높다. 뿐만 아니라 글을 잘 쓰는 사람도, 외국어를 잘하는 사람들도 언어 관련 지능이 높은 편이다.

언어와 관련된 지능이 높다고 모든 분야에서 말을 잘하거나 글을 잘 쓰는 것은 아니다. 어준이의 경우는 스포츠에 관심이 많아서, 특히 자신이 좋아하는 축구 선수들의 기록이나 경기 내용에 대해 이야기할 때에만 청산유수처럼 말을 잘한다. 어준이를 통해 알 수 있듯이 언어와 관련된 지능의 발현은 자신의 관심 영역과도 큰 관련이 있다.

언어 관련 지능은 다른 지능과의 연계성이 가장 높은 지능이다. 논리나 수학적 지능과 이상적으로 결합되면 변호사의 길을 갈 수 있고, 인간관계와 관련된 지능과 만났을 때는 정치가나 리더로서 역량을 발휘할 수 있게 된다. 이렇게 한 가지 지능만으로 아이의 특성이 발현되는 것이 아니라 강점 지능이 서로 어울려 아이의 능력을 발휘하게 한다. 강점 지능은 대체로 성장 과정에서 자연스럽게 발현되므로 다중지능 프로파일을 통해 자녀의 진로를 예측해 볼 수 있다.

😀 지효의 강점 지능은 음악 관련 지능?

"어머, 지효가 이번 피아노 경연 대회에서 대상을 탔다면서요? 어쩜, 수학도 잘하고 피아노도 잘 친대요? 지효 엄마는 좋으시겠어요."
"아영이는 동요 대회에서 상을 받았잖아요. 우리 지효는 노래는 그렇게 잘 부르지 못해요."

지효와 아영이 모두 음악 관련 지능이 강점 지능이다. 아영이처럼 리듬, 가락, 소리 등 음악적 요소에 민감하여 노래에 재능을 보이는 사람이 있는가 하면 지효처럼 현악기, 관악기, 타악기 등 모든 악기 분야에서 높은 실력을 자랑하는 사람도 있다. 또 노래나 악기를 잘 다루지는 못하지만 작곡에 소질을 보이는 등 음악 관련 지능이 강점 지능이라고 해도 모두 같은 결과를 보이는 것은 아니다.

지효는 피아노를 잘 치고 수학을 잘한다고 했다. 음악 작품을 이해하기 위해서는 복합적인 규칙을 이해할 수 있어야 하고, 정확한 연주를 하기 위해서는 수리력이 필요하다. 음악의 구조와 그것이 어떻게 반복되고 변형되는가를 이해하기 위해서는 수학적 사고 능력이 동반되어야 한다. 이처럼 음악 관련 지능은 논리나 수학 지능과 관련성이 깊다.

지효가 피아노를 잘 치고, 피아노 경연 대회에서 상을 받았다면 음악과 수학 관련 지능만 높은 것일까? 대회에서 상을 받기 위해 지효는 많은 시간을 들여 피아노 연습을 했을 것이다. 적당히 즐기면서 연습했다면 대상까지는 받지 못했을 것이다. 하기 싫은 것도 참아가면서 노력하였기에 대상이라는 빛나는 성적을 거둔 것이다. 이처럼 장기간 연습이 필요한 분야에서 빛을 발하는 사람들의 지능 프로파일을 살펴보면 분야의 지능과 함께 대체로 자기 관리 지능도 높게 나타나는 것을 발견할 수 있다.

🔵 예빈이의 높은 지능은 수학과 관련된 지능?

"우리 아이 반에 예빈이라는 아이가 있는데요. 그 아이는 중학교에서 배우는 수학 공식을 스스로 만들어 낸다고 하더라구요."

"예빈이 올해에도 전국수학경시대회 본선 진출자로 확정되었지요? 우리 구에서 1등이라는 소문도 있던데."

"네, 맞아요. 수학을 잘할 뿐만 아니라 즐기는 것 같다고 아이 선생님이 말씀하시더라구요."

예빈이는 수학 관련 지능이 뛰어난 학생이다. 수학과 관련한 재능은 10대에 주로 나타난다. 수학 관련 지능이 높은 사람들은 어떤 사실을 증명해 나가는 데 놀라운 추리력을 발휘한다. 여러 가지 사실들 간의 연관성을 찾아내면서 스스로 규칙을 발견하고 공식을 만들어 내기도 한다. 때로는 논리적인 사고 과정을 거치지 않고 직감적으로 해답을 찾고, 그것을 증명하기 위해 거꾸로 논리를 세우기도 한다. 노벨상 수상자들에게서 이런 경향이 많이 나타난다.

수학 관련 논리적인 능력이 가장 왕성하게 빛을 발하는 시기는 30~40대이다. 이 분야에 종사하는 사람들 중에 수학 관련 지능이 높은 사람들은 30대 전에 자기 분야에서 어느 정도의 인정을 받고, 40대 전후로 그 분야에서 우뚝 서게 된다. 수학 관련 지능이 높다고 다 수학을 잘하는 것은 아니다. 어렸을 때부터 수 세기를 좋아하고, 일련번호와 관련된 정보를 막힘없이 기억하여 주변 사람들을 깜짝 놀라게 한 아이가 있었다. 그런데 어쩐 일인지 초등학교 고학년부터 수학을 힘들어 했다. 이런 특성을 가진 아이들은 단순한 숫자 세기나 기초 계산의 단계를 넘어선 수학적인 인과관계나 논리적 적용에 어려움을 겪고 있다. 이들에게는 문제를 읽어 내는 독해력이 부족하거나 문자에 어려움을 느끼는 난독증이 있을 수도 있다.

하나의 지능은 세부적인 여러 요소로 이루어진다. 모든 요소가 고르게 강점인 경우도 있고, 그 안에 한두 가지 요소가 낮을 수도 있다. 그렇기 때문에 수학 관련 지능이 강점 지능이라고 해도 세부적인 요소 간의 분포에 따라 서로 다른 모습으로 나타나게 된다. 이 경우에는 기본적으로 수학 관련 지능이 높기 때문에 부족한 세부 요소들을 잘 분석하여 강화하고 계발해 주면 전반적으로 수학 관련 지능을 고르게 발전시킬 수 있다.

> 다중지능 검사를 하면 같은 지능 안의 세부적인 지능 발달 분포를 확인할 수 있다.
> 다중지능 검사 전문 기관에서 검사받기를 추천한다.

🙂 체육 선수들의 강점 지능은 신체 관련 지능?

'운동 신경이 뛰어나다.'라는 평을 듣는 사람들이 있다. 이들은 신체 관련 지능이 높아 춤이나 운동, 연기 등 몸으로 표현되는 상징 체계를 쉽게 익히고 새롭게 창조하는 등의 능력을 발휘한다. 몸 전체뿐 아니라 손이나 손가락처럼 세세한 근육을 움직이는 피아니스트나, 손가락을 움직여 목표물을 명중시키는 사격 선수, 손재주가 뛰어나 만들기를 잘하는 사람들 모두 신체 관련 지능이 높다. 이 지능의 핵심은 몸의 움직임을 조절하고 공이나 악기 등의 대상을 기술적으로 잘 다루는 능력이므로 다양한 분야에서 두각을 나타낼 수 있다.

축구 선수 중에서도 신체 관련 지능 외에도 상대 수비수들의 심리를 잘 읽어 내는 인간관계 지능이 높은 선수가 있는가 하면, 공의 속도와 선수들의 움직임을 파악할 수 있는 수학 관련 논리 지능이 뛰어난 선수, 어려운 상황에서도 자신을 통제할 수 있는 자기 관리 지능이 높은 선수가 있다. 이들은 신체 관련 지능만 높은 선수들보다 탁월한 실력을 발휘한다. 이렇게 하나의 분야에서 두각을 나타내기 위해서는 그것을 뒷받침해 줄 수 있는 다른 지능의 발달이 동시에 이루어져야 한다.

그렇다면 성공을 위해 모든 약점 지능을 계발하여 강점 지능으로 바꾸어야 할까? 약점 지능을 계발하면 어느 정도 지능이 높아지기는 하지만 강점 지능을 뛰어넘을 수는 없다. 그러므로 약점 지능을 강화하기보다 강점 지능을 집중적으로 계발하여 약점 지능을 보완하는 것이 더 효율적이다. 이것이 우리가 아이의 약점 지능에 주목하지 말고 강점 지능에 초점을 맞추어야 하는 이유이다.

😀 인간관계 지능이 높으면 학급 임원이 되기 쉽다?

"엄마, 나 학급 임원 선거 나가도 돼요?"

"왜 임원이 되려는 건데?"

"친구들이 자꾸 나가 보래요. 인기가 많아서 될 거라면서요."

"수빈아, 너 인기 많다고 누가 그래?"

"저, 친구들한테 인기 많아요. 엄마 모르셨어요?"

"너의 인기 비결이 뭔데?"

"나의 인기 비결은 먼저 말 걸기, 먼저 다가가서 친해지기, 친구랑 잘 놀아 주기, 잘 웃겨 주기 등등 아주 많아요."

"아, 그래? 그럼 어떤 임원이 되고 싶니?"

"내가 친구들을 즐겁게 해 주는 능력이 있으니까, 서로 마음을 모아 똘똘 뭉치게 만들어서 학년 운동회 때 일등을 하고 싶어요."

만약 수빈이가 친구들에게도 인기가 많다면 인간관계 지능이 높은 것이다. 따라서 학급 임원이 된다면 학급을 잘 이끌어 가게 될 것이다. 인간관계 지능이 높은 사람들은 대인 관계에서 생기는 문제를 잘 해결하고, 사람들과 두루두루 잘 지낸다. 이 지능은 주로 교사, 상담사, 사회 사업가나 정치 지도자에게 필요한 지능이다.

인간관계 지능이 높은 사람은 다른 사람의 기분과 의도 그리고 행동을 잘 파악하고, 자신의 행동 결과뿐만 아니라 다른 사람의 행동도 정확하게 예측할 수 있다. 그들은 사회생활을 잘하기 때문에 사회적으로 성공할 가능성이 높다. 이런 면에서 인간관계 지능은 사회생활의 가장 기본이 되는 중요한 지능이라고 할 수 있다.

우리 아이가 사람을 잘 사귄다면 인간관계 지능이 높은 것이다. 반대로 친구 관계가 원만하지 못하다면 이 지능이 낮을 수 있다. 이런 경우에는 어렸을 때부터 다른 사람의 기분 파악하기, 다른 사람들의 의도 알아차리기 등 자기중심적인 사고에서 벗어나서 다른 사람의 입장을 헤아릴 수 있도록 꾸준히 이끌어 주어야 한다. 그래야 어른이 되어서도 사람들과 잘 어울리며 원만하게 살아갈 수 있다.

😊 자기 관리 지능

　꾸준한 계획을 세워 공부를 하는 아이가 있는가 하면, 무슨 계획이든 작심삼일로 끝나는 아이가 있다. 이와 관련된 지능이 바로 자기 관리 지능이다. 자기 관리 지능이 높은 아이들은 스트레스 관리도 잘하고, 자신의 학습 관리도 잘한다.

　자기 관리 능력은 자기 자신의 감정을 잘 느끼고 그 감정의 정도와 감정의 종류, 감정을 일으키는 원인들을 잘 분석하여 자신과 관련된 문제를 잘 풀어내는 능력이다.

　자기 관리 지능이 높은 아이들은 삶의 목표를 진지하게 세우고 그 목표를 이루기 위해 노력하며 실행 과정에서도 자기 감정을 잘 다스려 좋은 결과를 이끌어 낸다. 또한 학교생활에서 정해진 규칙을 잘 준수하고, 과제를 잘 수행하며 하기 싫은 일도 책임감 있게 처리한다.

　인간관계 지능과 자기 관리 지능은 우리의 일상생활 속에서 구분하기 힘든 경우가 많다. 인간관계 지능이 높으면 사람들과 대체로 좋은 관계를 유지하지만 자기 관리 지능까지 높다면 다른 사람의 문제를 자기 문제로 생각하는 사회적 민감성이 뛰어나 더 많은 신뢰와 존경을 받을 수 있게 된다. 한 가지 지능만으로 사람의 행동을 규정짓기는 어렵지만 각 분야에서 두각을 나타내는 사람들은 대체로 자기 관리 지능이 높은 편이다.

자기 관리 지능이 낮은 아이의 계획표는 가급적 작은 단위로 나누는 것이 좋다. 일상의 작은 성취감을 많이 경험하게 하여 자신을 관리할 수 있는 힘을 마련해 주어야 한다.

🙂 자연 관련 지능

반려동물을 기르는 사람들은 그렇지 않은 사람에 비해 자연 관련 지능이 높은 편이다. 이들은 동물을 기르는 법을 가르쳐 주지 않아도 스스로 방법을 찾아내고, 지극한 사랑으로 동물을 돌본다. 화원을 하는 사람이나 농장에서 일하는 사람이나 자연의 식재료를 이용하여 재료 고유의 맛을 살리며 요리를 하는 사람도 자연 관련 지능이 높다. 자연 관련 지능이 높으면 자연뿐만 아니라 자동차 등 문화적 산물을 인식하고 분류하는 면에서도 남다른 능력을 드러내게 된다.

자연 관련 지능이 높은 아이들은 식물이나 새, 공룡의 종류를 잘 알고, 자동차의 모양도 잘 구분한다. 이들은 다양한 개체들 간의 차이점을 구별하는 데 뛰어난 능력을 보이며 대체로 관찰력이 좋다.

반대로 자연 관련 지능이 낮은 아이들은 아무리 자연환경이 좋은 시골에 살아도 동식물에 관심이 없고, 차종도 잘 구별하지 못하고 주변 환경에 무관심해 놓치는 것이 많다. 그러므로 대화를 통해 관심을 유도하고, 유심히 관찰할 기회를 제공해 주는 것이 좋다.

3. 여러 지능과 학습

"우리 아이는 이과 성향일까? 문과 성향일까? 잘 모르겠어요."

"수학도 잘하고 국어도 잘하지 않아요?"

"그렇기는 하지만……."

"우리 아인이는 확실히 이과인 것 같아요."

여덟 가지 지능을 묶어 보면 아이의 학습 성향을 파악할 수 있다.
서로 대비되는 특징을 묶어 보자.

아이가 선호하는 계열 알아보기

- 언어 영역의 학습을 더 좋아한다면 언어 관련 지능군 (　　)
- 수리 영역의 학습을 더 좋아한다면 수학 관련 논리 지능군 (　　)

아이의 학습 효과를 높이기 위한 학습 유형 알아보기

- 다른 사람과의 상호 작용을 선호하는 인간관계 지능 (　　)
- 자기 자신에 대한 탐구를 선호하는 자기 관리 지능 (　　)

쉽게 받아들이는 아이의 인지 양식 알아보기

- 공간 관련 지능 (　　)　　　• 음악 관련 지능 (　　)
- 신체 관련 지능 (　　)　　　• 자연 관련 지능 (　　)

위 세 가지를 통해 아이의 학습력을 높여 보자.

지효의 여러 지능 프로파일		
● 수학 관련 논리 지능 (9점)	● 언어 관련 지능 (4)	● 자기 관리 지능 (8)
● 인간관계 지능 (6)	● 공간 관련 지능 (7)	● 음악 관련 지능 (8)
● 신체 관련 지능 (3)	● 자연 관련 지능 (2)	(지능별로 10점 만점)

어떤 과목부터 시작하면 좋을까?

지효가 선호하는 계열은 언어보다는 수학 관련 논리 지능이다. 이 지능이 강점 지능인 아이들에게는 숫자나 규칙, 명제 등의 상징 체계를 잘 익히고 만들어 내며, 그와 관련된 문제를 쉽게 해결해 내는 능력이 있다. 만약 지효가 공부를 잘 안 하다가 새로운 마음으로 공부를 시작하게 된다면 국어보다는 과학이나 수학 교과부터 접근하는 것이 좋다. 강점 지능과 관련된 교과에 대해서는 기본적으로 관심이 높기 때문에 이해도가 높아 성적을 올리기 쉽기 때문이다. 공부를 하겠다고 마음을 다잡았을 때에는 빠른 성취감을 얻을 수 있도록 해 주어야 지치지 않게 된다. 빠른 시간 안에 올린 성적으로 인한 성취감은 또 다른 학습의 동기가 될 수 있다.

계열 선호별 강점 지능을 활용하면 학습의 흥미를 붙이는 데 도움을 받을 수 있으므로 공부에 흥미를 붙이려면 강점 지능과 관련된 교과목을 선택하도록 하자.

학원? 과외? 자기 주도?

지효의 지능 프로파일을 보면 다른 사람과의 상호작용을 선호하는 인간관계 관련 지능은 6점, 자기 자신에 대한 탐구를 선호하는 자기 관리 관련 지능은 8점이다.

인간관계 지능이 높은 아이들은 그룹 활동으로 배우는 것을 좋아하고, 자기 관리 지능이 높은 아이들은 혼자 하는 학습을 좋아한다. 따라서 지효의 경우에는 사교육을 시킨다면 학원보다는 과외, 공부 장소를 선정한다면 도서관보다는 자신의 공부방에서 하는 것이 더 효과적이다.

이 지능이 높은 경우에는 자기를 객관적으로 볼 수 있고, 힘든 것도 잘 참아 낸다. 누군가의 지시보다 스스로 하는 학습을 좋아하는 유형이므로 자기 주도적이고 능동적인 학습을 할 수 있도록 여건을 마련해 주는 것이 좋다.

효과적인 학습법?

지효의 인지 양식을 보면 음악적 요소와 공간적 요소가 결합되어 있는 것을 쉽게 받아들임을 알 수 있다. 그러므로 음악을 들으면서 공부를 해도 좋고, 암기할 내용을 노랫말로 만들어 노래를 부르듯 암기해도 좋다. 또 노트 전략에서는 공간 개념이 뛰어나므로 마인드맵이나 비주얼 씽킹맵에 도전해 보는 것도 효과적인 공부 방법이다.

신체 관련 지능이 높은 아이라면 가만히 앉아서 공부하기보다는 거실에서 왔다 갔다 강의하듯이 공부하는 것이 효과적이다. 또한 신체 관련 지능이 높을 경우에는 스포츠 활동을 예를 들어 설명하면 쉽게 이해할 수 있고, 자연 관련 지능이 높은 경우에는 자연물을 활용하여 설명해도 좋다. 이렇듯 사람마다 정보를 인지하는 양식이 다르다.

돌이켜 기억해 보자. 나의 학창 시절에 나에게 맞는 공부법을 찾아 준 부모나 교사가 있었는지? 나의 공부법은 누가 찾았는지? 아무도 우리에게 효과적인 공부법을 알려 주지 않았다. 다행히 스스로 일찍 찾은 친구들은 학창 시절에 빛나는 실력을 자랑했지만 지금 이 글을 읽으면서 '그래, 나에게 맞는 공부법은 이러한 것이었어.'라고 생각하는 사람도 적지 않을 것이다. 적어도 내 자녀만큼은 자신에게 맞는 학습법을 빠른 시기에 찾을 수 있도록 도와주자.

사람마다 정보를 인지하는 양식이 다르다. 인지 양식이 다른 부모에게 효과적인 학습법이 내 아이에게도 효과적일까? 그렇지 않다. 그러므로 부모가 했던 공부법을 자녀에게 강요할 것이 아니라 우리 아이의 강점 지능이 무엇인지 파악하고, 그에 알맞은 학습법을 찾아 주어야 한다.

사람마다 선호하는 학습 스타일이 있다. 그러나 다양한 학습 스타일을 경험하지 못하면 내가 무엇을 선호하는지 잘 모른다. 그러므로 다양한 방법을 시도해 보고 가장 좋아하는 학습법을 선택하도록 하면 된다.

아이의 강점 지능을 활용하면 학습 흥미를 높이는 데 도움을 줄 수 있다. 시험공부를 할 때에도 좋아하는 과목부터 먼저 공부하게 하는 것이 좋다. 그러면 공부할 때 쉽게 지치지 않게 되고 실력을 높이기도 쉽다.
누가 먼저 자신에게 효과적인 학습법을 찾느냐에 따라 초등학교 때부터 일찍이 공부를 잘하기도 하고, 뒤늦게 고등학생이 되어서 실력을 발휘하기도 한다. 아이에게 공부를 직접 가르치는 것보다 아이에게 맞는 학습법을 찾아 주는 것이 더 중요하다.

내 아이는 어떤 학습
스타일을 갖고 있을까?

"우리 수빈이는 자신이 직접 읽는 것보다 말로 하거나 들려줄 때 쉽게 받아
들이고, 질문하는 것을 좋아해요."

"아인이는 내가 읽어 주는 것보다 자기가 직접 보고 읽는 것을 좋아해요.
동화책을 볼 때에도 삽화를 유심히 살펴보고 이야기를 만들어 내요."

"우리 예빈이는 자신이 직접 만져 보고 그리고 쓰고, 뭔가를 조작하는 것을
좋아해요. 해 주는 것을 싫어하지요."

정보를 선택하고 습득하는 과정에서 학습자는 자신이 좋아하는 독특한 방
법을 가지고 있다. 이를 학습 양식(learning style)이라고 한다. 사람마다 학습
스타일은 다르다. 학창 시절을 떠올려 보면 어떤 친구는 책에 밑줄을 그으며
공부를 하는가 하면 어떤 친구는 요점 정리를 하면서 공부하고, 어떤 친구는
마인드맵을 그리면서 공부를 했음을 확인할 수 있을 것이다. 암기 내용을 노

래 가사에 붙여 암기하기도 하고, 첫 글자를 따서 문장을 만들어 외기도 한다. 이처럼 선호하는 학습 스타일은 사람마다 다르다.

그렇다면 우리 아이의 공부를 도와주기 위해 가장 우선 되어야 할 것은 무엇일까? 바로 아이의 학습 양식을 이해하고 그것을 찾아 주는 것이다.

1. 내 아이의 학습 스타일 찾기

소위 공부를 잘한다는 학생들의 공부법을 살펴보면 각자 자기만의 방식이 존재함을 알 수 있다. 그들은 일찍이 자신의 학습 양식을 찾았기 때문에 그렇지 못한 또래보다 높은 성취도를 보인다. 다시 말하면 우리 아이가 자신의 학습 스타일을 빨리 찾게 되면 그만큼 공부를 잘할 확률이 높아진다는 것이다. 그렇다면 아이가 학습 스타일을 스스로 찾을 때까지 기다려 주어야 할 것인가? 아니면 부모가 나서서 함께 찾아 주는 것이 좋을까?

자녀의 학습 관리를 해 주고 싶다면 결과 중심의 성적에만 초점을 맞추지 말고, 먼저 아이의 특성에 맞는 학습 양식을 찾아 주는 것으로 시작하라고 권하고 싶다.

학습 양식은 학습자가 배우는 그 무엇(what)이 아니라 어떻게(how)에 해당하는 것이다.

학습 스타일은 학자마다 다양하게 분류하기도 하지만 크게 정보를 눈으로 볼 때 공부가 가장 잘되는 시각 의존형 학생, 정보를 들을 때 공부가 가장 잘되는 청각 의존형 학생, 그리고 정보를 손으로 직접 만져 보며 다룰 때 공부가 가장 잘되는 근감각 의존형 학생으로 나눌 수 있다.

우리 아이는 정보를 어떻게 습득하는지 체크해 보자.

- 눈으로 직접 볼 때 잘 습득하는 시각형 학습자인가? (　　　)
- 들려주는 것을 잘 습득하는 청각형 학습자인가? (　　　)
- 손으로 직접 조작해 볼 때 잘 습득하는 감각형 학습자인가? (　　　)

2. 내 아이는 시각형?

시각형 아이는 들은 것보다 본 것을 잘 기억하고, 음악보다 미술을 좋아하고, 교사의 말을 듣기 위해 꼭 고개를 들어 바라보아야 하며, 누가 읽어 주는 것보다는 혼자 읽는 것을 좋아한다. 책 읽는 속도가 매우 빠른 편이다.

시각형 학습자에게 필요한 학습 전략은 가급적 시각화하는 것이다.

① **효과적인 학습 방법은 무엇이든 시각화하는 것이다.**
- 글을 읽을 때에도 머릿속으로 상상하며 읽고, 암기할 때에도 그 장면을 사진을 찍듯이 그림을 그린다.
- 가급적 암기할 내용들은 시각화하여 눈에 잘 보이는 곳에 두는 것도 좋다.

② **요점 정리를 할 때에는 마인드맵이나 도표, 차트 등으로 나타내는 것이 좋다.**
- 여러 가지 색깔을 이용하여 중요한 내용을 표시하면 정보를 기억하는 데 유리하다.

③ **책을 읽을 때에는 형광펜을 사용하는 것이 좋다.**

④ **정보를 얻을 때에는 인터넷, 신문, 책 등을 직접 읽거나 동영상을 이용하면 더 쉽게 정보를 받아들이게 된다.**

⑤ **일반 책보다 학습 만화를 선호하고 정보 습득도 빠르다.**

3. 내 아이는 청각형?

교실에는 유난히 수업 시간에 집중을 잘하는 아이가 있다. 반듯한 자세로 앉아 흐트러짐 없이 선생님 말씀을 잘 듣는 아이, 그런 아이들 중에 청각 의존형 아이가 많다.

청각형 아이는 학교 공부가 잘 맞는다. 이 아이들은 대체로 교사 중심의 수업을 좋아한다. 수업 시간에 시각적인 자료가 없어도 집중하여 듣기 때문에 교사의 설명만으로도 학습 내용을 잘 이해한다. 선생님의 말을 잘 듣다 보니 과제를 잊어버리는 일도 없고, 규칙도 잘 지켜서 모범적인 학교생활을 하게 된다.

청각형 아이의 학습을 도와주려면 다음과 같은 방법을 염두에 두자.

① 효과적인 학습 방법은 모든 정보를 청각화하는 것이다.
   • 정보를 큰 소리로 이야기하거나 자기 스스로 설명하게 한다. 즉 입으로 설명한 것을 귀로 다시 한번 듣게 하면 학습 효과가 높다.

② 시험 공부할 때에는 자기 자신에게 가르치기, 혹은 인형을 두고 가르치기, 친구와 함께 묻고 답하기 등 소리 내어 말하고 들으면서 청각을 활용하는 것이 좋다.
   • 정보를 노래로 부르거나 리듬으로 구성하면, 기억하는 데 도움이 된다.
   • 큰 소리로 읽으며 공부하고, 반드시 말이나 소리에 연결시켜 암기하도록 한다.

③ 정보를 얻을 때에는 텔레비전이나 라디오 뉴스 프로그램을 활용하고, 기회가 있으면 곰 인형이나 반려견 앞에서 알게 된 것을 발표해 보는 것도 좋다.

④ 주의할 점은 공부를 할 때 음악이나 텔레비전 소리가 나지 않게 해야 한다는 것이다. 작은 소리에도 주의가 산만해질 수 있음을 기억해야 한다.

4. 내 아이는 감각형?

"여러분, 이것을 현미경이라고 불러요."

교실 뒤에 앉은 형준이가 와다닥 앞쪽으로 달려 나온다.

"어디 봐요. 와, 이거 어떻게 보는 거예요?"

형준이 손은 이미 현미경 손잡이와 조리개를 만지고 있다.

근감각 의존형 아이들은 무엇이든 직접 조작해 보고 체험해 보아야 한다.

감각형 학습자는 오랫동안 가만히 앉아 있지 못한다. 몸을 움직이면서 공부를 해야 한다. '두서는 없지만' 조직적인 기술을 갖고 있고, 느낌으로 상황을 판단하며, 감각적이고 직관적이며, 물건들을 조작하고 만들 때, 공부가 가장 잘된다.

감각형 학습자에게 필요한 학습 전략은 다음과 같다.

① 효과적인 학습 방법은 오감을 활용하게 한다. 이들은 오감을 활용하며 공부하는 것을 좋아한다.
   • 학습 내용을 실제로 연기하고 행동으로 옮기는 등 몸짓을 많이 활용하도록 한다.

② 조사나 실험, 그리고 만들기나 역할놀이 등 몸을 움직이는 활동에 참여하기를 즐겨 한다. 그러므로 얌전하게 책상에 앉아서 공부하기보다, 왔다 갔다 하면서 공부하는 것이 더 효과적이다. 한자나 영어 단어를 암기할 때에는 낱말을 읽으면서 손가락으로 허공에 써 보는 것 등 직접 몸을 움직이면 더 잘 기억된다. 또한 유튜브 크리에이터가 되어 공부 내용을 영상으로 제작해도 좋다.

③ 주의할 점은 온몸을 활용하는 만큼 에너지를 많이 소비한다는 것이다. 그러므로 적절한 휴식과 간식을 제공하는 것이 좋다.

사람마다 자기에게 맞는 학습 전략이 꼭 한 가지만 있는 것도 아니고 딱 이것이다 정할 수 없는 경우도 있다. 그러므로 여러 가지 학습 전략을 알려 주고 자신에게 맞는 것을 찾을 수 있도록 다양한 기회를 제공해 주는 것이 좋다. 수학 공부를 할 경우에는 이런 방법이, 사회 과목 공부를 할 때에는 저런 방법이 재미있다고 느껴지면 각기 다른 방법을 취하게 하면 된다.

tip 자기에게 약한 학습 스타일을 향상시키기 위해서

- **시각 의존형 학생은 공부할 때**

  큰 소리로 낭독하면서 몸의 움직임을 덧붙이는 연습을 하는 것이 좋다.

- **청각 의존형 학생은 공부할 때**

  정보를 시각화할 뿐만 아니라 움직임을 덧붙이는 연습을 하는 것이 좋다.

- **근감각 의존형 학생은 공부할 때**

  정보를 마음속에 그림으로 그리고 그것을 큰 소리로 낭독하는 연습을 하는 것이 좋다.

학습 전략

수업 시간에 열심히 참여하고, 과제도 착실하게 잘해 오는 아주 성실한 아이가 있었다. 물론 시험 기간에는 시험공부도 열심히 한다. 그런데 시험을 보면 안타깝게도 노력한 만큼의 성적이 나오지 않는다. 도대체 무엇이 문제일까? 아이를 더 세심히 지켜보면서 딱히 문제점을 발견하지 못하여 학습 전략 검사를 해 보았다. 그 결과 아이에게 부족한 학습 전략은 바로 조직화 전략임을 알게 되었다. 그래서 아이의 다중지능과 학습 스타일을 고려하여 다양한 조직화 전략을 안내하고 그중에서 자신이 좋아하는 학습 전략을 선택하게 한 후 그 방법을 이용하여 조직화를 효과적으로 할 수 있도록 도와주었다. 그 결과는 곧 아이의 성적 향상으로 이어졌다.

높은 성적을 올리기 위해서는 전략이 필요하다. 일단 새롭게 배운 내용은 알고 있는 지식과 잘 연결시켜서 자기 것으로 만들어야 한다. 그러기 위해서는 자신의 정리 기법을 이용하여 자신의 언어로 정리하고 이해할 줄 알아야 한다.

'안다는 것' 그리고 '이해한다는 것'에 대해 우리는 너무 관대하다. 예를 들면, 손주를 통해 '유튜브'라는 동영상 사이트가 있다는 것을 알게 된 할머니도 유튜브에 대해 '아는 것'이고, 5세 꼬마가 유튜브 영상을 보는 것도 '아는 것'이다. 초등학생이 유튜브를 활용하여 영어 공부를 하는 것도 '아는 것', 자신이 잘하는 것에 대해 영상을 제작하고 유튜브를 통해 정보를 공유하는 것도 '아는 것'이다.

그러나 진정으로 '안다는 것', '이해하고 있다는 것'은 적어도 자신의 언어로 설명할 줄 안다는 것을 의미한다. 그냥 어렴풋이 그것이 무엇인지 파악한 정도를 가지고 안다고 하면 안 된다. 특히 학습에 있어서는 누군가에게 자신의 언어로 설명하고 그것을 활용하여 나의 지식을 재창조할 수 있을 때에야 비로소 진정 '안다'라고 할 수 있는 것이다.

우리 인간은 망각의 동물이다. 배운 내용을 잊어버리는 것은 극히 자연스러운 일이다. 인간의 망각 정도는 반복 학습을 하지 않을 경우, 한 달이 지난 후에 기억할 수 있는 것은 20%도 채 안 된다. 거의 80% 이상을 잊어버린다. 공부한 내용을 잊지 않기 위해서는 장기 기억 장치에 저장을 해야 한다. 단기 기억 장치에서 장기 기억 장치로 옮겨 가기 위해서는 적어도 다섯 번의 복습이 필요하다.

높은 성적을 올리는 것은 그리 단순한 일이 아니다. 여러 가지 학습 전략을 필요로 하는 일이다. 배우고 익혀서 완전히 이해하고 그것을 장기 기억 장치에 잘 저장했다가 필요할 경우에 즉시 인출할 수 있어야 높은 성적을 올릴 수 있다. 이 외에도 학습 효과를 높이기 위해서는 최적의 공부 환경을 조성해 주는 것이 좋고, 여러 교재 중에서 자기에게 맞는 교재를 선정할 수 있도록 안내해 주고, 시간을 효율적으로 관리할 수 있도록 도와주어야 한다. 학습 전략은 이 모든 것들을 참작하여 짜야 한다.

널리 알려진 학습 전략 몇 가지를 소개하고자 한다.

■ **조직화 전략** 공부한 내용을 자신의 언어로 스스로 재구성해 보는 것으로 요약하기나 마인드맵 혹은 표나 그래프를 만들면서 정리할 수 있다. 조직화 전략은 자신의 강점 지능이나 학습 스타일에 맞는 방법을 찾으며 이해하는 데 더 효과적이다.

⩤ 조직화 전략이 부족할 경우 학습 코칭 ⩥

1. 나만의 요점 정리 비법 만들기

   (표, 마인드맵, 요약하기, 개념 지도 등 한눈에 알아보기 쉽게 정리하기)

2. 중심 개념에서 시작하여 전체를 하나로 엮을 수 있도록 이해하고 암기하기

3. 평소 수업이 끝난 직후에 학습 내용을 4~5문항으로 요약하는 습관 들이기

4. 수업이 끝난 후 하루가 지나기 전에 배운 내용 정리하기

■ **정교화 전략** 공부는 나의 배경 지식에 새로운 지식을 더 쌓는 일이다. 새로운 지식은 기존에 내가 알고 있는 지식과 잘 연결시켜 이해하는 전략으로, 초등학생의 경우는 배운 내용을 자신의 언어로 설명하게 해 보면 좋다.

⟩ 정교화 전략이 부족할 경우 학습 코칭 ⟨

1. 기존 지식과 연결지어 보기, 현재의 생활과 연결지어 보기, 다른 교과와 연결지어 보기

2. 학습 내용의 전체 그림 그려 보기, 큰 제목과 작은 제목을 연결하여 설명하기

3. 구체적인 예를 들어 보며 설명해 보기

4. 꼬리에 꼬리를 물며 생각해 보기

5. 반려견이나 인형을 앞에 두고 가르쳐 보기

■ **반복 전략** 수업 시간에 배운 내용은 선생님이 한 번 설명했다고 해서 다 알 수는 없다. 온전한 이해를 하기 위해서는 적어도 다섯 번 이상 반복하여 장기 기억 장치에 저장해야 필요할 경우에 인출할 수 있다.

⟩ 반복 전략이 부족할 경우 학습 코칭 ⟨

1. 가장 효과적인 복습은 수업이 끝나자마자 하는 것이다. 수업 후 바로 복습하기

2. 학습 내용 읽으면서 중요한 내용 밑줄 긋기

3. 노트에 중요한 내용 요약하기

4. 몸의 다양한 감각 기관을 활용하여 암기하기-눈으로 보고, 입으로 말하며, 쓰면서 익히기

5. 더 암기해야 할 내용 따로 정리하여 수시로 확인하기

6. 최종적인 반복 전략으로는 선생님이 되어 가르쳐 보고 그것을 영상 촬영하여 다시 점검해 보기

■ **초인지 전략**　메타 인지 전략이라고도 한다. 공부를 잘하려면 자신이 공부할 내용과 분량을 적절하게 배분하여 계획할 줄 알아야 한다. 메타 인지 전략은 학습량 전체를 내려다보고, 자신의 능력에 맞게 계획하고 관리할 줄 아는 전략이다. 오늘 공부할 양과 공부할 수 있는 시간, 그리고 그것을 소화할 수 있는 나의 능력을 객관적으로 파악하고 실현 가능하게 계획을 세우는 것이다. 아울러 공부할 내용 중에서 내가 아는 것과 모르는 것, 더 알아야 할 내용들을 파악할 수 있는 능력이기도 하다. 대부분 아이들은 이 능력이 부족한 편이다. 그러므로 전체를 볼 줄 아는 부모가 적극적으로 도와주면서 길러 주어야 할 전략이다.

부모가 학습할 전체 양이 어느 정도인지 질문을 통해 아이가 깨닫게 해 주고, 어느 정도의 시간이 필요한지 그리고 어떻게 배분하여 공부하면 좋을지 의논하면서 함께 계획을 세워 나간다면 자녀는 자신의 공부에 대한 전체적인 조망을 할 수 있게 된다.

⇣ 초인지 전략이 부족할 경우 학습 코칭 ⇣

1. 공부할 전체 양을 알아보기

2. 특히 중점적으로 공부해야 할 부분 체크해 보기

3. 내가 선호하는 공부 방법 생각해 보기

4. 실현 가능한 공부 계획 세우기

5. 공부한 후 내가 알고 있는 내용과 더 공부해야 할 내용 구분해 보기

6. 1분 페이퍼 기법 활용하기(수업 직후 1~2분간 노트 정리하기)

◉ 이번 수업의 중심 내용은?

◉ 이번 수업에서 잘 이해가 안 된 부분은?

■ **집중 전략** 공부를 하다 보면 자꾸 딴짓을 하고 싶어진다. 어떻게 집중할지 각자 집중을 위한 자기만의 전략을 세울 수 있도록 도와주어야 한다.

▷ 집중 전략이 부족한 경우 학습 코칭 ◁

1. 저학년일수록 공부 목표량을 적게 잡기

2. 계획한 것을 이루면 자신에게 보상하기

3. 학습한 내용을 가족에게 자랑하기

4. 재미있는 과목부터 먼저 공부하기

5. 국어와 사회를 연결하기보다 성격이 다른 교과와 섞어 계획하기

    ◉ 국어-과학, 사회-수학

■ **시간 관리 전략** 학습 목표에 도달하기 위해서는 절대적으로 필요한 시간이 있다. 하루 몇 시간 어떻게 계획하고 그것을 지키는지에 대한 시간 관리를 해야 한다.

이 외에도 부모가 신경을 써 주어야 할 전략으로는 학습 환경 조성 전략이 있다. 집중이 잘 유지되는 효율적인 학습 환경이 조성될 수 있도록 물리적 환경에도 신경을 써야 한다. 또한 그룹 형태의 수업을 선호하는 자녀가 있다면

스터디 그룹을 어떻게 구성하고 활용할지에 대한 전략도 필요하다. 예를 들면 같은 그룹 멤버 중에서 공부 목표가 비슷한 친구를 찾아, 노트 필기를 서로 공유하며 함께 예상 문제를 만들어 본다면 공부를 더 재미있게 할 수 있을 것이다.

유튜브를 활용하여 학습력 높이기

1. 유튜브 활용하기

어린 아이일수록 정지 화면보다는 움직이는 화면을, 문자보다는 그림을 좋아한다. 요즘 초등학생들은 인터넷상에서 검색을 할 때 네이버나 구글 웹사이트보다 유튜브를 더 많이 선호한다. 중독을 걱정해야 할 정도로 아이들은 유튜브를 좋아한다. 하지만 무엇이든 잘 이용하면 약이 되듯이 유튜브도 잘 활용하면 자녀 교육에 많은 도움을 받을 수 있다.

본 저자가 운영하는 유튜브 채널은 '맹자샘의 홈러닝'이다. 이 채널에는 일기 쓰기부터 시작하여 논술에 이르기까지 초등학생의 눈높이에 맞추어 단계별로 맞춤 영상이 있다. 저자 혼자의 힘으로 제작했기 때문에 세련미는 부족하지만 글쓰기 실력을 향상시킬 수 있는 현장 경험 30년의 노하우를 모두 실어 놓았다.

본 저자 외에도 초등학교 교사들이 운영하는 다양한 채널이 있다. 유튜브에는 교육 관련 좋은 영상이 차고 넘친다. 이 시대의 부모라면 아이로 하여금 무조건 유튜브 시청을 못 하게 할 것이 아니라 잘 활용할 수 있도록 부모의 디지털 이해력을 키우는 것이 필요하다.

2. 유튜브 제작하기

오감을 모두 활용하면 몸이 체득하기 때문에 오래 기억할 수 있다. 공부도 마찬가지다. 오감을 활용하여 공부할 때 가장 효과적이다.

머릿속으로 암기하고 생각하는 것보다 알고 있는 내용을 소리 내어 자기 언어로 설명하면서 귀로 듣고, 손으로 메모하면 더 오래 기억할 수 있다. 이런 의미에서 시험공부의 마지막 단계에서 해 볼 수 있는 가장 효과적인 방법은 동영상 촬영이다.

요즘은 휴대폰으로도 동영상을 간단하게 촬영할 수 있으므로 손쉽게 시도 해 볼 수 있다.

먼저 학습 내용을 충분히 공부한 후에 영상 제작을 위한 스토리 보드를 구성한다. 이 스토리 보드가 바로 요점 정리가 되는 것이다. 이것을 바탕으로 선생님 놀이를 하면서 촬영하면 된다. 설명 위주의 강의를 하는 친구도 있을 수 있으며 그림을 그려 가면서 강의하는 친구도 있을 수 있다. 어떤 형식이든 자기가 좋아하는 방법을 택하면 된다. 이렇게 영상을 촬영하고 다시 보다 보면 그것이 바로 복습이 된다.

마음에 들지 않을 경우 재촬영을 하게 될 것이고 그러면 복습이 여러 번 이루어져 학습에 많은 도움이 된다.

선생님 놀이가 재미있다면 유튜브에 채널을 하나 만들어도 좋다. 학습한 내용을 꾸준히 올리다 보면 성취감과 함께 자신의 발전을 발견하게 되어 자신감도 키울 수 있게 된다. 그러면서 성적은 저절로 올라가는 것을 확인할 수 있을 것이다.

7교시

우리 아이
독서력 키우기

독서로 사고력 기르기

"너, 그거 아니?"

"뭐?"

"○○구청에 우리 현장 학습 가기로 했잖아. 면담 가서 무엇을 물어보아야
하는지?"

"아니, 몰라."

"그럼 아빠한테 물어볼까?"

"너, 유딩이냐? 아빠한테 물어보게?"

"그럼 어디에 물어봐?"

"유 선생한테 물어봐."

"유 선생? 그게 누군데?"

"유튜브 말아야. 유튜브에 '~하는 방법' 치면 다 나와."

십여 년 전만 해도 모르는 것이 있으면 책을 찾아보기 전에 부모님 등 가까

운 어른들께 먼저 물어보았다. 그런데 요즘 아이들은 어른에게 물어보지 않는다. 디지털 테크놀로지의 발달로 어른들과 전문가들이 가지고 있던 지식은 인터넷으로 온 세상에 공개되었고, 이제 더 이상 어른은 '많이 아는 사람'이 아니다. 반면, '네이버 양', '유 선생'이라는 신조어가 나오고 궁금한 모든 것은 클릭 하나로 해결을 하고 있다.

1. 시대가 요구하는 독서는 시대마다 다르다

"형준이 너, 독서한다고 해 놓고 아직도 컴퓨터 앞에 앉아 있니?"

"하고 있어요."

"컴퓨터 앞에 앉아 있으면서 무슨 독서를 한다고?"

"에이, 엄마. 꼭 종이로 된 책을 읽는 것만 독서인가요?"

"그럼?"

"인터넷 소설을 읽는 것은 뭐예요? 인터넷 신문 기사는요?"

인터넷 소설을 읽는 것도 독서일까? 독서란 넓은 의미로 '읽는 것'이다. 책을 읽거나 신문 기사를 읽거나 광고지, 설명서 등등 읽는 모든 활동은 독서라고 할 수 있다. 그러므로 인터넷 읽을거리를 읽는 것도 당연히 독서이다.

디지털 테크놀로지의 발달로 독서의 대상이 바뀌고 있다. 옛날에는 종이에 활자를 출력한 인쇄 매체가 주를 이루었다면 최근에는 그뿐만 아니라 인터넷이나 이미지, 영상 텍스트도 독서의 대상이 되고 있다.

이와 같이 독서의 대상만 달라지는 것이 아니라 독서의 목적도 시대의 변화에 따라 달라지고 있다. 과거에는 문맹 퇴치나 교양 쌓기가 독서의 주목적이었다면 지금은 독서를 통해 얻게 된 지식과 정보를 재가공, 재창조하여 필요한 것으로 재생산하는 것으로 변화한 것이다. 그래서 과거의 문예문 중심에서 벗어나 과학, 사회, 역사, 철학, 예체능 등의 다양한 영역의 정보문이 독서의 대상이 되고 있다.

독서의 대상과 목적이 시대에 따라 달라지고 있다면 독서하는 방법도 달라져야 한다.

2. 독서는 융합 과정이다

우리가 책을 읽는다는 것은 책의 내용을 받아들인다는 것을 의미한다. 우리는 이미 많은 선행 지식이나 정보의 핵심 자원을 가지고 있다. 그 자원들이 독서 활동을 통해 새로운 책의 내용과 만나면 의식적인 사고 작용으로 의미가 확대되거나 축소되기도 하고 변형 혹은 심지어 잘못된 정보는 삭제되기도 한다. 이 과정에서 자연스럽게 독서의 융합이 이루어진다. 다시 말하면 독서 과정은 독자가 가지고 있는 선행 지식과 텍스트의 내용을 결합하는 융합 과정인 셈이다. 따라서 독서의 융합이 잘 이루어지기 위해서는 책을 깊이 있게 읽어야 한다.

3. 책을 읽는 방법도 알려 주어야 한다

독서의 융합이 잘 이루어지기 위해서는 책을 제대로 읽어야 한다. 교육 현장에서 보면 분명 아이들이 같은 텍스트를 읽었는데 아는 정도에 차이를 보인다. 이는 사람마다 가지고 있는 핵심 자원이 다르기 때문일 수도 있지만 대부분 책을 얼마나 꼼꼼히 집중하여 읽었느냐에 의해 좌우된다. 결국 같은 책을 읽었다 해도 어떻게 읽었느냐에 따라서 아이들마다 다른 결과가 나올 수밖에 없는 것이다.

혹자는 읽기의 종류를 세 가지로 나누고 있다. 내용에 대한 이해 없이 읽는 '무 이해 읽기', 내용에 대하여 이해하며 읽는 '이해 읽기', 그리고 내용을 넘어서서 보이지 않는 부분에 대해 생각하고 파악하며 읽는 '해석 읽기'로 분류하고 있다.

우리 아이는 위 세 가지 중에 어디에 해당될까? 교육 현장에서 보면 생각보다 아이들이 읽는 방법을 모르고 있다. 분명 책을 열심히 읽고 있었는데 물어보면 책의 내용을 거의 기억 못하는 아이가 있는가 하면 대충 기억하는 아이도 있고, 드물게는 전체 내용을 생생하게 기억하고 그것도 부족하여 책 너머의 이야기도 이해하는 아이가 있다.

제대로 된 독서 활동을 하기 위해서는 책을 읽는 방법도 알려 주어야 한다. 책을 깊이 있게 읽는 방법에는 여러 가지가 있지만 '해석 읽기'를 할 수 있는 방법 한 가지를 소개해 보고자 한다. 불확실한 미래 사회를 살아갈 우리 자녀들에게 깊이 있는 독서 습관을 선물해 준다면 그보다 좋은 선물은 없을 것이다.

⪼ 소리 내며 생각하기 기법 ⪻

이 기법은 말 그대로 텍스트를 읽는 동안 자기 생각을 소리 내어 말로 표현해 봄으로써, 텍스트 이해를 보다 높일 수 있고, 텍스트에서 보이지 않는 부분까지 생각해 볼 수 있는 기법이다.

책을 읽으면서 책과 관련한 내용이나 경험 등 여러 가지 떠오르는 생각을 소리 내어 말하는 것으로써 질문의 형식도 가능하고 자기 생각을 말하는 것도 가능하다. 이렇게 책을 소리 내어 읽으면서 생각까지 말하면 책 내용에 대한 이해가 깊어진다. 무엇보다 책의 내용과 나를 잘 연결 지을 수 있을 뿐만 아니라 독서 융합이 잘 이루어지게 된다.

어떻게 소리 내며 생각할 수 있는지 다음 예문을 통해 알아보자.

당나귀 팔러 가는 아버지와 아들

아버지와 아들이 당나귀를 팔기 위해 읍내 장으로 향하였습니다.

마을 어귀를 벗어나서 아가씨들을 만났습니다. 한 아가씨가 "호호호!" 웃었습니다.

"참, 어리석기도 해라. 누구든 한 사람은 타고 가면 될 것을 둘 다 걸어가다니, 쯧쯧."

이 글을 다음과 같이 자신의 생각을 말하며 소리 내어 읽을 수 있다.

아버지와 아들이 당나귀를 팔기 위해 읍내 장으로 향하였습니다.

➜ 아버지는 나이가 얼마나 많을까? 왜 아들과 함께 갈까? 옛날에는 당나귀를 팔려면 장에 가야 했나 보다.

마을 어귀를 벗어나서 아가씨들을 만났습니다. 한 아가씨가 "호호호!" 웃었습니다.

➔ 아가씨는 왜 이 아버지와 아들을 보고 웃었을까?

"참, 어리석기도 해라. 누구든 한 사람은 타고 가면 될 것을 둘 다 걸어가다니, 쯧쯧."

➔ 아하, 그래서 웃었구나. 맞아, 당나귀를 타고 가면 편할 텐데 왜 몰고 가는 거지? 그런데 이유가 있을 텐데 알아보지도 않고 무조건 '어리석다'라고 단정적으로 말해도 되는 걸까?

이렇게 책 내용을 말하기도 하고 묻기도 하면서 텍스트를 읽게 되면 책의 내용을 자기 나름대로 재구성하게 된다. 무엇보다 책의 내용에 집중하게 되고, 나아가 전체 내용을 쉽게 통찰할 수 있다는 점에서 도움이 된다.

만약 옆에서 부모가 듣고 있다면 아이의 이해가 어느 지점에서 붕괴되는지, 해석의 간극이 어떻게 생겨나는지 알 수 있을 것이다. 이러한 기법은 비단 독서뿐만 아니라 수학, 과학, 사회 공부나 문제 해결 활동에도 효과적으로 응용될 수 있다.

tip ⟩ 좋은 읽기 습관을 들이는 법

① 소리 내어 책을 읽게 하고 때때로 멈춰 자신이 생각하는 것에 관해 말해 보게 해 본다.

- 아이가 모호한 의미를 어떻게 추론했는지 알 수 있다.
- 아이가 텍스트에서 가장 중요한 것이 무엇이라고 생각하는지 알 수 있다.
- 아이에게 해석적 읽기를 촉진할 수 있는 질문을 해 줄 수 있다.

② 소리 내며 생각하기 기법을 활용하여 읽어 보도록 해 본다.
- 책에 어느 정도 집중하는지 알 수 있다.
- 책과 관련한 아이의 배경 지식을 알 수 있다.
- 책의 내용을 어느 정도 이해하는지 알 수 있다.
- 아이의 독서 융합이 어떻게 이루어지는지 알 수 있다.

⌇ 아이와 함께 소리 내며 생각하기 기법을 연습해 보세요 ⌇

당나귀 팔러 가는 아버지와 아들

아버지와 아들이 당나귀를 팔기 위해 읍내 장으로 향하였습니다.

마을 어귀를 벗어나서 아가씨들을 만났습니다. 한 아가씨가 "호호호!" 웃었습니다.

"참, 어리석기도 해라. 누구든 한 사람은 타고 가면 될 것을 둘 다 걸어가다니, 쯧쯧."

이 말을 들은 아버지는 얼른 아들을 당나귀에 태웠습니다.

이웃 마을을 지나가다가, 노인들이 모여 있는 앞을 지나게 되었습니다. 한 노인이 아들에게 호통을 쳤습니다.

"요즘 젊은것들은 아주 버릇이 없다니까. 나이 먹은 아버지가 힘들게 걸어가는데 젊은 녀석이 당나귀를 타고 가다니, 당장 내리지 못할까?"

깜짝 놀란 아들이 얼른 당나귀에서 내려서 아버지를 태웠습니다.

이번에는 아이를 데리고 가는 아주머니를 만났습니다.

"참 뻔뻔스런 늙은이네. 저 어린 아들을 걸어가게 하고, 아주 태연하게 타고 가네."

"가엾어라, 얼마나 다리가 아플까?"

이 말을 들은 아버지는 얼른 내려서 아들을 태웠습니다.

이제 드디어 읍내 가까이까지 오게 되었습니다. 그러자 남자 하나가 성큼성큼 다가와서,

"여보시오, 영감. 이런 약한 당나귀를 아버지와 아들 둘이 타다니, 너무하지 않소? 어서 내려요. 둘이서 당나귀를 메고 가는 게 좋겠소."

하고, 꾸짖듯이 말했습니다.

아버지는 그렇게 하는 게 좋겠다고 생각하고, 당나귀의 다리를 묶고, 굵은 막대기를 꿰어서 아들과 함께 당나귀를 어깨에 멨습니다. 생각보다 무거워서 아들과 함께 "영차, 영차!" 장단을 맞추면서 걸었습니다.

드디어 읍내 어귀에 놓인 다리를 건너가게 되었습니다. 그런데 그

때 지나가던 사람들이 몰려와서 배꼽을 잡고 웃었습니다. 다리가 묶이고, 막대기에 꿰어 물구나무까지 서게 된 당나귀는 불편하여 견딜 수 없는데 사람들이 웃고 떠들자 놀라서 매달린 채로 발버둥을 쳤습니다. 그러자 그만 다리를 묶은 새끼가 끊어져서, 눈 깜짝할 새에 당나귀는 강물에 떨어지고 말았습니다.

4. 독서 사고력, 발문 생성으로 기를 수 있다

독서는 아이의 사고력을 개발하기에 가장 좋은 활동이다. 그러나 무조건 책을 읽는다고 사고력이 개발되는 것은 아니다.

독서 활동을 통해 사고력을 개발하기 위해서는 먼저, 책을 읽을 때에는 앞에서 설명한 바와 같이 해석적 읽기를 추천하고, 그 다음으로 책을 읽은 후에는 발문 만들기 활동을 추천한다.

think-aloud 기법(소리 내어 생각하기 기법)으로 책을 읽는 연습을 많이 하게 되면 발문을 생성하는 것이 쉬워진다. 책을 읽으면서 말로 했던 생각을 그냥 흘려 보내지 말고 발문으로 연결할 수 있도록 도와주는 것도 발문 생성 활동을 도와주는 한 방법이다.

흔히들 발문과 질문을 구분 없이 쓰기도 하는데 질문은 몰라서 묻는 것이고, 발문은 상대방이 아는지 모르는지 알아보기 위해 하는 질문이다. 다시 말하면 책을 읽고 발문을 생성하려면 상대방에게 무엇을 어떻게 물어볼지 고민하게 된다. 그 고민을 통해 독서 사고력을 향상시킬 수 있다.

⪢ 발문 생성 놀이⪡

발문을 생성할 때에는 전체 글을 읽은 후에 발문을 만들 수도 있고, 텍스트를 읽어 가며 텍스트 내용의 순서에 따라 발문을 만들 수도 있다. 처음 아이와 함께 발문을 만드는 연습을 시도해 보고자 할 때에는 읽어 가면서 만들어 보는 것을 추천한다.

『당나귀 팔러 가는 아버지와 아들』이라는 이야기를 토대로 발문을 생성해 보자.

> 아버지와 아들이 당나귀를 팔기 위해 읍내 장으로 향하였습니다.
> 마을 어귀를 벗어나서 아가씨들을 만났습니다. 한 아가씨가 "호호호!" 웃었습니다.
> "참, 어리석기도 해라. 누구든 한 사람은 타고 가면 될 것을 둘 다 걸어가다니, 쯧쯧."
> 이 말을 들은 아버지는 얼른 아들을 당나귀에 태웠습니다.

1. 아버지와 아들은 왜 처음부터 당나귀를 타지 않고 몰고 갔을까?
2. 왜 아가씨의 말을 듣고 자신은 타지 않고 아들을 당나귀에 태웠을까?
3. 아버지는 정말 어리석은 사람일까?

> 이웃 마을을 지나가다가, 노인들이 모여 있는 앞을 지나게 되었습니다. 한 노인이 아들에게 호통을 쳤습니다.

"요즘 젊은것들은 아주 버릇이 없다니까. 나이 먹은 아버지가 힘들게 걸어가는데 젊은 녀석이 당나귀를 타고 가다니, 당장 내리지 못할까?"

깜짝 놀란 아들이 얼른 당나귀에서 내려서 아버지를 태웠습니다.

4. 마을 앞 노인들은 왜 아들에게 소리쳤을까?

5. 노인들의 호통 소리를 들은 아들의 마음은 어떠했을까?

6. 아버지는 아들이 당나귀에 타라고 했을 때 어떤 마음이 들었을까?

이번에는 아이를 데리고 가는 아주머니를 만났습니다.

"참 뻔뻔스런 늙은이네. 저 어린 아들을 걸어가게 하고, 아주 태연하게 타고 가네."

"가엾어라, 얼마나 다리가 아플까?"

이 말을 들은 아버지는 얼른 내려서 아들을 태웠습니다.

7. 아주머니는 왜 아들이 당나귀를 타고 가야 한다고 생각했을까?

8. 왜 아버지를 뻔뻔스런 늙은이라고 생각했을까?

9. 아버지는 왜 아주머니의 비난에 아들을 태웠을까?

이제 드디어 읍내 가까이까지 오게 되었습니다. 그러자 남자 하나가 성큼성큼 다가와서,

"여보시오, 영감. 이런 약한 당나귀를 아버지와 아들 둘이 타다니,

너무하지 않소? 어서 내려요. 둘이서 당나귀를 메고 가는 게 좋겠소."

하고, 꾸짖듯이 말했습니다.

아버지는 그렇게 하는 게 좋겠다고 생각하고, 당나귀의 다리를 묶고, 굵은 막대기를 꿰어서 아들과 함께 당나귀를 어깨에 멨습니다. 생각보다 무거워서 아들과 함께 "영차, 영차!" 장단을 맞추면서 걸었습니다.

10. 지나가는 남자는 왜 아버지와 아들에게 너무하다고 했을까?

11. 아버지가 남자의 말대로 당나귀를 메고 가는 게 좋겠다고 생각한 까닭은 무엇일까?

12. 당나귀를 메고 가는 것에 대해 어떻게 생각하는가? 나라면 어떻게 했을까?

드디어 읍내 어귀에 놓인 다리를 건너가게 되었습니다. 그런데 그때 지나가던 사람들이 몰려오면서 배꼽을 잡고 웃었습니다. 다리가 묶이고, 막대기에 꿰어 물구나무까지 서게 된 당나귀는 불편하여 견딜 수 없는데 사람들이 웃고 떠들자 놀라서 매달린 채로 발버둥을 쳤습니다. 그러자 그만 다리를 묶은 새끼가 끊어져서, 눈 깜짝할 새에 당나귀는 강물에 떨어지고 말았습니다.

13. 사람들은 당나귀를 메고 가는 아버지와 아들을 보고 왜 웃었을까?

14. 아버지와 아들의 어깨에 매달려 가는 당나귀의 마음은 어떠했을까?

15. 나라면 당나귀를 팔러 가는 동안 당나귀를 몰고 갔을까? 타고 갔을까? 메고 갔을까? 그 이유는 무엇인가?

16. 아버지와 아들이 남의 말을 듣다가 결국 어떻게 되었는가? 남의 말을 듣지 않았다면 어떻게 되었을까?

17. 사람들의 참견하는 말에 따라 당나귀를 타기도 하고 메기도 한 아버지의 행동은 옳은 것일까?

18. 남의 일에 이래라 저래라 참견하는 것은 옳은 일일까?

위와 같이 텍스트의 내용 순서에 따라 자유롭게 발문을 만들 수 있을 것이다.

발문에 대한 답은 즉석에서 텍스트의 내용과 자신이 가지고 있는 자원 즉 사전 지식으로 쉽게 답을 찾을 수 있는 경우가 있는가 하면 인터넷을 검색하거나 관련 책을 읽어야 찾을 수 있는 경우도 있다. 전자의 경우는 가볍게 독서 수다로 마무리하고 후자의 경우에는 관련 도서로 인터넷 검색으로 또 다른 읽기 활동으로 이어갈 수도 있다.

⋛ 발문의 종류는 여러 가지다 ⋚

발문은 상대방이 알고 있는지 파악하기 위해 하는 질문이다. 그러므로 발문의 유형은 곧 질문의 유형이 될 수 있다.

교육학자 브롬은 질문을 7단계로 분류하였고, 최근 한국의 하브루타 연구회에서는 4단계로, 사단법인 전국독서새물결모임에서는 독서 발문을 3단계로 분류하였다.

무엇에 대하여 질문할지에 따라 발문의 유형을 서로 다르게 나눌 수 있다.

만약에 아이와 독서 토론을 제대로 해 보고 싶다면, 전국독서새물결모임의 '이야기식 독서 토론'의 3단계 발문을 생성하면 깊이 있는 독서 활동에 도움이 될 것이다.

1단계 배경 지식 관련 질문

독서 발문: 1단계는 읽은 책과 관련한 배경 지식을 떠올려 보는 발문이다.

  예 1. 당나귀를 본 적이 있나요?

   2. 당나귀를 타 본 적은 있나요? 당나귀를 탄다면 어떤 기분이 들까요?

   3. 나는 남의 충고를 잘 듣는 편인가요?

→ 아이가 알고 있는 내용으로 가볍게 질문하여 아이로 하여금 책과 함께 토론을 진행하는 사람에 대하여 마음을 열고 친해질 수 있도록 라포(rapport) 형성을 하기에 좋은 질문을 한다.

2단계 책 내용 이해 질문

독서 발문: 2단계는 읽은 책의 내용을 다각도로 이해하기 위한 발문이다.

1. 이 글에 나오는 인물은 누구누구인가요?

2. 아버지와 아들은 당나귀를 몰고 어디를 가고 있었나요?

3-1. 당나귀를 몰고 가는 아버지와 아들을 보고 사람들은 왜 어리석다고
   했나요?

3-2. 당나귀를 타고 가는 아들에게 사람들은 무슨 말을 했나요? 그 말을 들은 아들의 마음은 어떠했을까요?

3-3. 당나귀를 타고 가는 아버지를 사람들은 왜 비난했나요?

3-4. 아버지와 아들이 당나귀를 타고 가는 것을 보고 사람들은 무슨 말을 했나요? 그 말을 들은 아버지의 마음은 어떠했을까요?

4. 마지막에 아버지와 아들은 당나귀를 메고 갑니다. 그러다가 결국 당나귀를 물에 빠뜨리게 된 아버지와 아들은 어떤 생각을 했을까요?

5. 내가 만약 아버지나 아들이었다면 사람들의 말을 어떻게 받아들였을까요?

➜ 이야기 글이라면 주로 이야기의 3요소 즉 인물, 사건, 배경과 관련한 질문으로 책의 내용을 이해할 수 있다. 그리고 보다 다각도로 내용을 깊이 있게 이해하기 위해서는 '인물'에 대한 질문도 아버지 입장, 아들 입장, 사람들 입장으로 즉 등장인물의 각각의 입장에서 접근할 수 있을 것이다. 그리고 사건의 경우 '만약 ~라면' 즉 가정하여 사건의 원인이나 과정에서 변수를 넣어 생각해 보게 할 수 있을 것이다. 배경도 시간적, 공간적 배경을 달리 했을 경우에는 어떻게 사건이 전개될지 상상하면서 질문을 하다 보면, 책의 내용을 보다 깊이 있게 이해하며 독서 사고력도 신장시킬 수 있을 것이다.

3단계 인간의 삶과 사회와 연결 짓는 질문

독서 발문: 3단계는 읽은 책의 내용과 관련한 인간 삶이나 사회 현상을 바라볼 수 있도록 안내하는 발문이다.

1. 사람들은 왜 아버지와 아들에게 참견을 했을까요?

2. 남의 참견을 듣고 그대로 행동하는 사람을 어떻게 생각하나요?

3. 만약 아버지와 아들이 남의 참견을 듣지 않고 자신의 생각대로 행동했다면 어떻게 되었을까요?

4. 남의 참견이나 충고는 어떻게 받아들여야 할까요?

➜ 2단계에서는 책의 내용을 중심으로 충분히 이야기를 나눌 수 있도록 발문을 생성하는 것이 좋고, 3단계에서는 책이 주는 메시지를 통해 나와 내 주변, 그리고 인간이 속한 사회와 관련지어 이야기를 나눌 수 있도록 발문을 만드는 것이 좋다.

독서 사고력을 개발하는 데 발문만큼 효과적인 방법은 없다. 발문을 만들다 보면 자연스럽게 텍스트의 의미 파악은 물론 해석 읽기도 가능해져 어느 순간 책 읽는 방법이 달라지게 된다. 뿐만 아니라 발문 생성 활동을 통해 자신의 지식을 스스로 통합하거나 융합하게 되어 고차원적인 사고 활동이 저절로 일어나게 된다.

혹자는 발문 생성은 그 자체가 새로운 발견이며 자신의 생각에 대해 사고하는 치열한 과정이라고 했다. 그만큼 발문 생성 활동은 많은 생각을 하게 만든다는 뜻이다.

발문을 만들다 보면 생각을 할 수밖에 없다. 처음에는 어떻게 만들어야 할지 막막해할 수도 있다. 앞에서 연습한 think-aloud 기법으로 책을 읽게 하면 발문 만들기에 대한 부담감을 덜 수 있게 된다. 그러므로 발문은 책 읽기와 독립시켜 생각할 것이 아니라 책을 읽는 순간부터 발문을 염두에 두도록 습관화시키면 그만큼 독서 사고력이 향상된다.

발문 만들기 유의할 점

1. 글밥이 적은 책을 선정한다.

2. 대표적으로 이솝 이야기 혹은 그림책도 좋다.

3. 처음에 발문을 만들 때에는 말로 한다.

4. 어느 정도 발문의 수준이 높아지면 글로 나타낸다.

5. 첫 시도에서는 발문만 만들고 답하지 않는다.

6. 수준 높은 발문이 만들어지면 발문을 바탕으로 서로의 생각을 주고받는다.

7. 자연스럽게 독서 토론으로 이어질 수 있도록 한다.

5. 발문으로 아이와 독서 토론을 해 보자

발문을 생성하는 것만으로도 고차원적인 사고 활동을 한다고 할 수 있지만 그 생성한 발문으로 서로 이야기를 나누면 보다 높고 깊이 있는 사고 활동을 하게 된다. 이때 주의할 점은 발문에 대하여 아이가 어떤 답을 말하게 되면 거기에서 끝내지 말고, 더 나아가 아이에게 어떤 사고 작용이 일어났는지 사고 과정을 중시해야 한다. 즉 아이가 어떤 대답을 할 경우, 대답을 중시할 것이 아니라 '너는 왜 그렇게 생각했지?', '어떨 때 그런 생각이 들었지?'라고 꼬리에 꼬리를 무는 발문으로 자녀의 사고를 확장시켜 줄 수 있도록 해야 한다.

엄마 "요즘 젊은것들은 아주 버릇이 없다니까. 나이 먹은 아버지가 힘들게 걸어가는데 젊은 녀석이 당나귀를 타고 가다니, 당장 내리지 못할까?"라는 호통 소리를 들었을 때 아들은 어떤 기분이 들었을까?

①자녀	부끄러웠을 것 같아요.
엄마	왜 부끄러웠을 거라고 생각하니?
②자녀	아버지를 위할 줄 모르는 불효자가 되었다는 생각이 들어서 부끄러웠을 것 같아요.
엄마	아버지와 아들은 왜 사람들이 참견하는 말을 따라 행동했을까?
③자녀	자기 생각이 없기 때문이에요. 자기 생각이 있다면 남들이 하는 말에 신경을 안 쓰고 생각대로 행동할 수 있어요.
엄마	아하, 그렇구나. 어떤 일이든 자신의 생각을 갖고 행동해야 남의 말에 흔들리지 않겠구나.

➔ 단순하게 질문에 대한 답에만 초점을 맞추었다면 '①자녀'의 답에서 이 발문에 대한 이야기는 끝을 맺게 될 것이다. 그러나 아이가 왜 그런 답을 했을지 생각하며 아이의 사고 과정에 초점을 맞추어 더 질문을 하게 되면 보다 깊이 있는 대화를 이어갈 수 있게 되고 아이의 사고를 확장시켜 줄 수 있다.

6. 자녀에게 스스로 지식을 구성할 기회를 주어야 한다

미처 정리되지 못한 생각일지라도 말을 하다 보면 저절로 정리가 되는 경험을 해 본 적이 있을 것이다.

단순히 생각으로 끝내는 것보다 말이나 혹은 글로 표현했을 때 생각을 더 잘 정리할 수 있다. 마찬가지로 책을 읽고 느낀 생각을 머릿속으로만 할 것이 아니라 말을 할 기회가 주어진다면 스스로 알게 된 지식이나 정보를 구성할 수 있게 된다.

책에 대하여 말하는 것은 곧 독서 토론이다. 책을 읽은 후에 만든 발문으로 이야기를 하게 되면 자신의 생각을 정리할 수 있다. 또한 상대의 이야기를 들어 보면서 나와 다른 생각이 존재한다는 것도 자연스럽게 깨닫게 된다. 다시 말하면 독서 토론 활동은 글에 대한 자신의 이해와 타인의 이해를 비교할 수 있는 좋은 기회를 제공하고, 토론 내용과 관련된 지식을 스스로 구성할 수 있는 능력을 길러 준다. 따라서 자녀의 깊이 있는 독서를 위해서는 의도적인 독서 토론을 해야 한다. 독서 토론을 하다 보면 책을 읽는 방법도 달라지고, 토론의 재미를 느끼게 되면 독서에 대한 흥미가 더 커진다.

7. 자녀의 친구들을 모아서 독서 토론을 해 보자

가정에서 혹은 아이 친구들을 불러 놓고 하기 좋은 독서 토론은 사단법인 독서새물결전국모임에서 하고 있는 이야기식 독서 토론이다. 그러나 이야기식 독서 토론은 비경쟁 토론이다. 발문에 대하여 서로 자신의 생각을 나누며 서로의 다른 가치와 다양한 관점을 통해 함께 해결 방안을 찾아보는 활동으로 의사소통 능력 즉 경청과 공감 능력, 논리적으로 말하는 능력이 신장된다. 토론을 통해 서로 다른 의견과 관점을 만나면서 다양성에 대한 이해와 존중(민주 시민성)을 길러 줄 수 있다.

≳ 이야기식 독서 토론 진행 방법 ≲

이야기식 토론 활동은 주로 3단계로 진행된다. 앞에서 생성했던 발문으로 토론을 진행하면 된다.

진행 순서	내용	진행 요령
자기소개	자기의 특성, 기분 등을 나타낼 수 있도록 자기소개를 정식으로 하면서 시작하는 것이 좋다.	**엄마:** 안녕하세요? 나는 오늘 여러분과 책 이야기를 나누는 진행자 ○○엄마입니다. 오늘 여러분과 『당나귀 팔러 가는 아버지와 아들』에 대해 이야기식 독서 토론을 하게 되어 정말 기뻐요. 여러분은 어떤지 돌아가면서 자기소개를 해 볼까요? 자기소개를 할 때에는 지금 기분을 넣어서 말해 보세요.
책 소감 묻기	읽은 책에서 가장 인상 깊었던 장면을 물어본다.	**엄마:** 이 책을 읽으면서 가장 인상 깊었던 장면은 무엇인가요? 나는 아버지와 아들이 당나귀를 메고 가는 장면이 제일 기억에 남아요. 여러분은 어떤가요? ○○부터 말해 보자. 어떤 장면이 가장 기억에 남나요?(가볍게 물어본다.)
1단계 배경 지식 질문	책의 내용과 관련된 배경 지식을 묻는다.	1단계 발문을 중심으로 질문한다. **엄마:** 당나귀를 본 적이 있나요? 당나귀를 타 본 적은 있나요? 당나귀를 탄다면 어떤 기분이 들까요?
2단계 텍스트 내용 질문	책을 제대로 읽었는지 확인해 보는 것이 목적이므로 책 내용을 중심으로 대답할 수 있도록 질문해 준다.	2단계 발문을 중심으로 질문한다. **엄마:** 그러면 지금부터 『당나귀 팔러 가는 아버지와 아들』 이야기 속으로 풍덩 빠져 봅시다. 이 글에 나오는 인물은 누구누구인가요? 누구부터 말해 볼까요? 네, 맞아요. **엄마:** 당나귀를 몰고 가는 아버지와 아들을 보고 사람들은 왜 어리석다고 했나요? **아이1:** 당나귀를 타고 가면 편할 텐데 몰고 갔기 때문이에요. **엄마:** 맞아요, 타고 가면 편하겠지요. 정말 어리석어서 몰고 갔을까요? **아이2:** 아무 생각이 없어서 그랬던 것 같아요. **엄마:** 만약 내가 당나귀를 팔러 시장에 간다면 어떻게 했을까요? 이와 같이 돌아가면서 아이에게 질문하면서 내용을 깊이 있게 파악할 수 있도록 질문으로 촉진한다.

3단계 텍스트와 인간의 삶과 사회와 관련하여 질문	독서 내용을 인간 삶이나 사회 문제와 연결하여 자신의 생각을 분명하게 나타내게 한다. 가급적 희망자 중심으로 발언하게 할 때 적극적으로 발표하겠다고 하면서 발표한다.	3단계 발문을 중심으로 질문한다. **엄마:** 여러분들이 이야기를 잘 이해한 것 같아요. 그럼 우리 생각 주머니를 활짝 열어 봅시다. **엄마:** 아버지와 아들은 남의 참견대로 행동하다가 결국엔 당나귀를 잃게 됩니다. 이에 대하여 어떻게 생각하나요? **아이1:** 너무 멍청하다고 생각해요. **아이2:** 자기 생각이 없는 사람들인 것 같아요. **엄마:** 왜 그렇게 생각하나요? **엄마:** 자기 생각을 갖고 살기 위해서는 어떻게 해야 할까요? **엄마:** 무조건 남의 말을 안 듣는 것이 자기 생각을 가지고 사는 것일까요? **엄마:** 자기 생각을 가지고 산다는 것은 어떻게 하는 것일까요? 아이의 사고 과정에 초점을 맞추어 '왜'와 '어떻게'에 대하여 질문하면 자신의 생각을 보다 논리적으로 말할 수 있을 뿐만 아니라 정리되지 않은 생각을 구조화할 수 있게 된다. 이 과정을 통해 아이의 사고가 확장되고 고차원적인 사고력이 개발된다.
독서 토론 소감 말하기	이 토론에서 좋았던 점과 반성할 점을 말하게 한다. 구체적으로 좋았던 점과 내가 더 보완할 점을 스스로 돌아보며 마무리하도록 말하기를 만들어 준다.	마무리 활동으로는 토론 과정에서의 참여 정도를 반성해 보게 한다든가 친구의 잘한 점을 서로 칭찬해 보기, 토론의 핵심 키워드를 한 문장으로 나타내 보기, 책 속 인물에게 하고 싶은 말하기 등으로 마무리할 수 있다. **엄마:** 아버지와 아들에게 어떤 말을 해 주고 싶은가요? **아이1:** 자기 생각을 가지고 살아요. **아이2:** 남의 말에 휘둘리지 말아요.

먼저, **1단계 발문**으로 라포(rapport) 형성을 해야 된다. 이 과정에서 텍스트와 관련된 배경 지식에 대하여 가볍게 질문하면서 라포 형성을 잘하는 것이 주목적이다. 그래야 토론에 대하여 흥미를 돋울 수 있다

다음으로, **2단계 발문**으로 텍스트에 대한 이해를 다각도로 깊이 있게 다루어 준다. 내용을 깊이 있게 파악하고, 내용과 관련하여 상상하며 사고를 확장하도록 도와준다. 이때 앞에서 말한 대로 하나의 답에 연연하지 말고 아이의 사고를 확장할 수 있도록 발문을 세트로 구성할 수도 있고, 즉석에서 "왜 그렇게 생각하니?", "그렇게 되면 어떻게 될 것 같니?" 등의 추가 질문을 할 수 있다. 최대한 아이의 사고를 확장할 수 있도록 도와주는 것이 좋다.

마지막 2단계에서 텍스트의 내용을 충분히 이해한 후, **3단계 발문**에서는 텍스트의 내용을 내 삶에 연결 지어 생각해 보게 하거나 사회 관련 문제를 제시하는 발문으로 창의적인 해결 방안을 함께 모색해 볼 수 있는 기회를 준다. 그러면 토론을 통해 아이들은 텍스트가 주는 메시지를 스스로 발견하게 되고 주변에 대한 관련 문제의식도 갖게 된다.

8. 토론을 위해 어떤 책을 읽히면 좋을까?

독서 토론을 하려면 먼저 책을 읽어야 한다. 책을 읽게 하려면 아이의 관심 분야에 초점을 맞추는 것이 좋다. 관심 분야의 책을 선정해 주면 아이는 저절로 책을 읽게 된다. 좋아하는 분야의 책을 읽고 토론을 하게 되면 그보다 신나는 활동은 없을 것이다. 그러나 아이의 흥미와 관심 분야를 알아보는 것은 생각보다 쉽지 않다. 가장 쉬운 방법이 이미 연구된 인간의 발달 단계에 맞는

특성을 활용하는 것이다. 예를 들면 인간의 상상력은 5세부터 발달하여 7세가 최고조를 이루어, 초등 1~2학년은 세상의 모든 일을 자기만의 상상의 세계로 끌어들이는 상상의 힘을 가졌고, 초등 3~4학년은 상상에서 벗어나 현실성 있는 이야기를 좋아한다는 등의 발달 단계의 특성을 고려하여 책을 선정해 주면 좋다.

초등 1~2학년

초등 1~2학년은 발달 단계상 우화기에 해당하며 도덕적 타율성 시기로 규범에 대하여 무조건적인 수용 경향을 보이고 있다. 선과 악, 진실과 허위, 지혜와 우둔, 정의와 사악 등의 도덕성을 명백히 하는 갈등을 좋아한다. 판타지 세계를 좋아하기 때문에 실제로 일어나는 일보다 환상적인 세계가 펼쳐지는 책을 좋아한다. 그러므로 아름다운 글과 그림이 조화된 그림책이라면 아이들이 상상력을 마음껏 발휘할 수 있을 것이다.

초등 3~4학년

초등 3~4학년은 동화기에 해당하는 시기로 나와 타인을 구별할 줄 안다. 어른들에게 전적으로 의존하던 것에서 벗어나 자주적인 태도를 가지려고 하는 시기이기 때문에 거짓말도 한 번 해 보고, 남의 물건도 훔쳐 보는 등 일종의 비행을 시도하기도 한다. 그리고 어른에게 예속된 생활을 떠나 독립하려는 마음이 강하기 때문에 이상하고 신기한 것을 찾아 모험을 떠나고 싶어 한다. 모험을 동경한 나머지 집 안의 은밀한 장소를 찾아 벽장이나 창고 속에 자신만의 은밀한 장소를 정해 두기도 한다. 또한 집단성이 강해지는 시기이므로 또래 간의 우정과 사랑, 관용과 희생을 담은 내용의 책을 좋아하고 자신이 실제로 겪는 생활 이야기를 소재로 한 왕따 이야기, 외모로 놀림 받는 이야기 등 현실적인 내용을 담은 생활 동화에도 높은 흥미를 보인다.

초등 5~6학년

초등 5~6학년은 발달 단계상 부모나 형제로 이루어진 가정의 세계로부터 독립을 원한다. 우정이나 사회적 책임을 중시하는 즉 독립을 꿈꾸는 정신적 이유기에 해당한다. 더 이상 상상의 세계나 환상의 세계에 대하여 흥미를 갖지 못하므로 우정을 다루거나 의리를 다룬 장편 소설이나 논리성을 성장시켜 주는 문학 형태의 탐정 소설과 추리 소설에 관심을 갖게 된다. 이 시기에는 지적 호기심을 만족시켜 주지 못하면 아이들이 게임이나 오락에 빠질 가능성이 높아진다.

아이들이 현실의 세계에 관심을 갖기 시작할 때이므로 인간의 삶과 운명을 다룬 역사책이나 지적 호기심을 자극할 수 있는 현실적인 책을 가까이에 둘 수 있도록 도와주면 좋다.

특히 독해 수준과 지적 수준이 발달한 아이들은 이야기로 풀어 쓴 역사책에 흥미를 갖게 된다.

역사 소설은 그 본질에 있어 역사가 아니고 픽션이라는 사실을 아이들은 알고 있는 상태이므로 토론을 하다 보면 그 인물들을 통해 시대의 삶과 아픔도 경험하게 되면서 자기의 정체성도 찾게 된다.

토론을 위한 책을 선택할 때 일반적인 발달 단계에 따라 공통의 관심과 흥미를 보이는 책을 선정하면 토론이 보다 활발해질 수 있다. 그러나 아이마다 독특한 특성이 있고 발달 정도도 다르므로 부모가 독단으로 책을 선정하지 말고, 아이의 의견을 존중하여 함께 책을 고르는 것이 좋다.

내 아이 독서 코칭하기

1. 독서 지도, 아이의 발달 단계에 맞추어야 한다

책에 대한 흥미를 갖게 해 주려면 책이 얼마나 재미있는지를 알게 해 주어야 한다. 이를 위해 어린 아이 때에 동화를 많이 읽어 주는 것이 좋다. 책을 읽을 수 있는 나이가 되었을 때에는 책의 재미를 스스로 느껴 읽기 활동을 좋아할 수 있도록 도와주어야 한다.

① 2~3세 어린 아이는 부모나 어른들이 읽어 주는 동화를 수동적으로 받아들인다.

4~6세에는 "왜?"라는 질문을 많이 하게 되는데 이는 자기중심적인 세계관이 형성되면서 선악에 대한 개념이 싹트는 시기이기 때문이다. 이 시기에는 선과 악의 갈등 속에서 선이 이기는 이야기에 높은 관심을 갖게 된다. 설화나 동물 이야기 같은 옛날이야기에 관심이 많다.

책을 읽어 줄 때에는 한 문장 혹은 한 단락씩 실감나게 천천히 읽어 주면서 아이가 상상력을 마음껏 펼칠 수 있도록 여유를 두는 것이 좋다. 아이가 질문을 해 오면 즉답하지 말고 먼저 "너는 어떻게 생각하니?"라고 질문을 도로 던져 주는 것이 좋다. 질문을 한다는 것은 어쩌면 그것에 대한 자기만의 생각을 갖고 있다는 뜻이 될 수도 있다. 아이의 답을 토대로 하여 답을 찾아갈 수 있게 도와주되, 관련 책이 있다는 것을 알려 주는 것도 좋다. 만약에 관련 책이 있다면 그 책을 아이가 보는 앞에서 읽어 주는 것도 독서에 대한 흥미를 높이는 한 방법이 될 수 있다. 그리고 글자를 알게 되면 재미있는 책들을 많이 볼 수 있다는 사실을 알려 주어 한글을 터득하게 하는 것도 독서에 대한 욕구를 높이는 좋은 방법이다.

② 간단한 문장을 읽을 수 있을 정도로 한글을 해득하게 되는 유치원 시기에는 스스로 책을 읽는 재미를 가질 수 있도록 도와주어야 한다. 이 시기의 아이는 자신의 생각을 말로 제대로 표현할 수도 있고, 말의 내용을 바르게 인지할 수도 있게 되어 간단한 문장은 혼자 읽고 이해할 수 있다. 그리고 무엇보다 자신이 글자를 읽을 수 있게 된 기쁨으로 읽는 것에 많은 관심을 보이기 때문에 책 읽기에 흥미를 높일 수 있는 가장 좋은 시기라고 볼 수 있다. 발달 단계상 이 시기의 아이는 유아기의 자기중심적인 심성을 벗어나 자신과 다른 사람을 구별할 줄 안다.

이때는 상상력이 최고조에 달하기 때문에 엄마가 읽어 주던 옛날이야기와 그림책을 여전히 좋아하면서도 한편으로는 우화와 위인들의 유년 시절의 일화에 흥미를 느끼고 영웅에도 관심이 높다.

이 시기의 독서 지도는 읽기 훈련을 위해 쉬운 동화를 많이 읽히는 것이 좋다. 아직 읽기가 서툴기 때문에 혼자 읽는 것이 힘들 수 있다. 부모와 한 줄씩 번갈아 가며 읽기 혹은 역할을 정하여 실감나게 읽을 수 있도록 하며, 이때 부모의 정확한 발음과 읽기 호흡 등은 읽기의 본보기가 될 수 있으므로 내용 외에도 띄어 읽기, 쉬어 읽기 등 읽는 방법에 주의하며 읽어 주어야 한다. 책을 다 읽은 후에 책을 읽으면서 느꼈던 생각이나 감정을 표현할 수 있도록 이야기를 나누는 시간을 갖는 것도 중요하다. 그리고 스토리를 다른 가족에게 전달해 보게 하는 등, 새롭게 알게 된 내용을 자신의 언어로 말할 수 있는 성취감을 주면 독서에 대한 기쁨이 배가 될 수 있다.

③ 초등학교를 입학하는 시기에는 대부분의 아이들은 문자를 완전히 깨우치게 되므로 혼자 읽는 것을 즐긴다. 혼자 읽기가 가능하기 때문에 큰 소리보다는 속으로 읽고 상상하면서 본격적으로 독서의 기쁨을 느끼게 된다. 사회적 특성으로는 나와 타인을 구별할 줄 알고, 어른에게 전적으로 의존하던 것에서 벗어나 자주적인 태도를 갖고 현실 사회로 눈을 돌리기도 한다. 그래서 이야기에 나오는 인물들의 행동에 공감하거나 비판하기도 한다. 그러므로 생활 동화를 통해 옳고 그름을 판단해 볼 수 있는 기회를 주는 것도 좋다.

이 시기는 독서 이유기로 아이가 혼자서 책을 읽게 되므로 쉬운 동화를 많이 읽는 것이 좋다. 자녀의 흥미와 수준에 맞는 스토리, 긍정적인 주제, 간결하고 명시적인 문장으로 된 책을 선정해 주는 것이 좋다. 이 시기에는 책의 내용과 제목을 연결 지을 수 있으므로 책을 읽기 전 제목에 대하여 이야기를 나누거나 앞으로 전개될 사건이나 주인공에게 펼쳐질 일에 대해 상상해 볼 수 있는 기회를 제공하는 것이 좋다. 그리고 책을 읽으면서 중요하다고 생각하는 부분, 마음에 드는 부분에 밑줄을 그어 보는 것도 이 시기에 시도해 볼 수 있는 일이다. 독서하는 방법이나 독서 습관을 들일 수 있는 시기이므로 아이의 특성에 맞게 조심스럽게 접근하도록 하자.

2. 그림책으로 아이의 독서 능력을 높이자

그림책은 그림과 글로 이루어진 책으로 그림은 이야기를 이끌고 가는 시각적 언어라고 볼 수 있다. 그림책에서 글과 그림은 서로 중복되지 않고 각각의 역할이 존재하며 서로 통합하여 독특한 이야기를 만들어 낸다. 따라서 그림책을 읽는다는 것은 글과 그림을 다 읽어 낼 줄 알아야 가능한 것으로 생각보다 쉽지 않다.

그림책을 읽을 때에는 글의 내용뿐만 아니라 그림도 섬세하게 살펴보아야한다. 아이가 그림을 찬찬히 살펴볼 수 있도록 처음에는 질문을 통해 관찰 포인트를 제공해야 한다. 이후 아이 스스로 그림을 읽어 낼 줄 알게 되는 순간 아이의 상상력과 사고력이 개발될 것이다.

① 그림 동화책의 표지 그림은 대체로 책의 전체적인 주제를 담고 있다. 그림을 통해 책의 이야기를 예측해 볼 수 있으므로 책에 대한 흥미를 높일 수 있는 적절한 질문을 생각해 본다. 표지 그림 하나하나를 각각 물어볼 수도 있

고, 각 그림의 관련성을 찾아보는 질문을 해 볼 수도 있다. 또는 책 그림으로 미루어 보아 책 속에는 어떤 이야기들이 숨어 있을지 상상할 수 있는 질문을 해도 좋다. 부모의 좋은 질문은 아이에게 이야기를 예측할 수 있는 추론 능력과 이야기 구성 능력을 신장시킬 수 있는 좋은 기회가 되기도 한다.

② 그림책에서는 그림의 크기와 색, 위치 등을 통해 이야기 속에서 인물의 중요도와 심리 상태를 나타내기도 한다. 그러므로 글에서 드러내지 않고 그림을 통해 알리고자 하는 내용을 잘 파악해야 한다.

③ 아이와 함께 그림책을 읽을 때에는 호흡 조절을 잘해야 한다. 아이들의 무궁무진한 상상력을 마음껏 발휘할 수 있도록 단어마다 여유를 두고 느린 호흡으로 읽어 준다. 책 속의 인물이 되어 직접 연극하듯이 실감나게 흉내 내며 읽어 주기도 하고, 활자는 없지만 느낌을 나타내는 말을 적절히 넣어 읽어 주어도 좋다. 만약 아이가 그림을 읽어 낼 줄 모른다고 생각되면 그림이 말하는 것처럼 엄마가 대신 말을 해도 좋다.

④ 언어 능력과 상상력이 급증하는 시기인 유아를 위한 그림책을 선택할 때에는 스토리가 있고, 언어 표현이 잘된 책이 좋다. 1~2학년 때에는 생활 속에서 일어날 수 있는 이야기와 삽화가 잘 그려진 책을 선정하는 것이 좋으며, 그 이후에는 주제가 함축적으로 글과 그림을 통해 잘 드러난 책을 선정하는 것이 좋다. 좋은 그림책은 좋은 내용과 주제를 담고 있어야 하며 색, 형태 등이 적절하게 표현되고, 그림을 통해 줄거리를 알 수 있어야 한다.

디지털 테크놀로지의 발달로 인쇄 매체로만 이루어졌던 텍스트들이 그림이나 인터넷, 영상 매체 등으로 다양하게 제작되고 있다. 그림책 속의 그림 읽기가 영상 매체 읽기로 자연스럽게 전이될 수도 있다. 그림책 읽기는 향후 미술 작품 감상하기, 영화 읽기, 드라마 읽기, 더 나아가 제작에도 영향을 미칠 수 있는 중요한 활동이다. 그림책 읽기로 아이의 호기심과 상상력을 마음껏 펼쳐 보이게 한다면 독서 활동에 대한 흥미를 높일 수 있을 뿐만 아니라 다양한 매체의 텍스트를 읽어 내는 능력도 향상시킬 수 있다.

3. 독서 습관을 바르게 들이자

'세 살 버릇 여든 간다.'는 속담이 있듯이 습관이 된 것은 쉽게 고치기 어렵다. 아이의 바른 독서 습관을 위해 다각도로 생각해 볼 필요가 있다.

① 소리 내어 읽어 보게 하라

소리 내어 읽으면 두뇌의 움직임이 활발해진다. 아이 입장에서 보면 글의 내용을 입으로 한 번 소리 내어 보고, 귀로 한 번 더 듣게 된다. 그렇기 때문에 뇌에 더 많은 자극을 줄 수 있을 뿐만 아니라 글의 내용을 잘 파악하게 된다. 최근에는 '소리 독서', '낭독'에 대한 중요성이 떠오르고 있다. 소리 내어 읽기를 많이 하면 독해력뿐만 아니라 집중력, 기억력, 자신감도 높일 수 있다. 소리 내어 읽는 연습을 많이 한 아이들은 소리 내어 자신의 이야기를 하는 일이 상대적으로 쉽다. 그래서 수업 시간에 친구들 앞에서도 발표를 잘하게 된다. 다시 말하면 소리 내어 읽는 것으로도 아이의 용기 즉 자신감을 높일 수 있다. 소리 내어 읽으면 아이의 읽기 실력을 가늠할 수 있다. 발음과 띄어 읽기, 쉬어 읽기, 적당한 빠르기, 실감나게 읽기, 내용의 중요도에 따라 강약 읽기 등이 잘 이루어지는지 알 수 있고, 부족한 부분을 발견하여 교정해 가면 책의 흥미와 바른 독서 습관을 동시에 키워 줄 수 있다.

아이가 소리 내어 읽는 것을 싫어한다면 '부모님 한 줄, 아이 한 줄→ 부모님 한 단락, 아이 한 단락'을 시도해 보아도 좋다. 이때 부모가 정확한 발음, 띄어 읽기, 쉬어 읽기, 강약 읽기 등으로 실감나게 읽어 주면 아이도 그대로 따라 하게 되며 소리 내어 읽는 즐거움을 알게 될 것이다. 눈으로 글을 보고, 머리로 생각하고, 입으로 소리 내어 읽고, 마음으로 느낄 수 있는 독서를 한다면 최고의 독서 습관을 갖게 되는 것이다.

만약 발음이 부정확하다면 입에 나무 소독저를 물고 읽는 연습을 시키거나 말을 꼭꼭 씹듯이 읽게 하면 도움이 된다.

② 독서 편독, 자연스런 현상이다

아이에게 다양한 분야의 책을 읽어 준다고 해도 결국에는 어느 한 권의 책만 계속 읽어 달라고 할 것이다. 독서는 뇌 활동에서 비롯되기 때문에 흥미가 있는 책에만 관심을 보일 수밖에 없다. 그러므로 독서 편독을 크게 문제 삼을 필요가 없다. 그러나 독서를 통해 다양한 지식과 정보를 얻어야 하는 학령기에 독서 편독이 오래 간다면 관심사를 넓혀 줄 필요는 있다.

편독이 심할 경우, 자녀가 좋아하는 책의 내용이나 장르에서 출발하여 관심의 고리를 잘 찾아 주는 것이 좋다. 예를 들면 "원숭이 엉덩이는 빨개 – 빨간 건 기차 – 기차는 길어."와 같이 자동차와 관련된 자동차 색깔, 모양 그리고 기능에 대하여 호기심을 유발시켜 본다. 누구나 강점 지능 분야에는 관심이 높기 마련이다. 그래서 관심 분야를 자극하면 쉽게 독서 편식에서 벗어날 수 있다.

먼저, 아이의 관심 분야의 책을 함께 읽으면서 책에서 나오는 내용과 관련된 내용을 찾아본다. 예를 들면 과학책을 좋아할 경우, 별자리에 대한 이야기를 읽을 때 별자리 전설에 대한 이야기를 해 주면서 동화책으로 자연스럽게 관심을 유도할 수 있다. 다음으로 아이와 함께 서점을 간다. 서점을 가기 전 관심 분야에 대한 이야기를 나누고 이다음에 자라면 무엇을 하고 싶은지 꿈 이야기를 들어 본다. 그 꿈과 관련된 책들을 서점에서 구경하게 해 주고 아이가 사 달라고 조르는 경우 그 책만 사도록 한다. 절대로 부모가 먼저 권해 주거나 여러 권을 한꺼번에 사 주는 것은 좋지 않다. 마지막으로 아이의 발달 단계에 맞는 책을 권해 본다. 발달 단계에 맞는 책은 대부분의 아이들이 관심을 보인다.

4. 완전한 학습, 교과 독서로 이루자

독서는 한 개인의 삶은 물론 사회와 국가의 경쟁력에도 큰 영향을 미치기 때문에 최근에는 다양한 종류의 텍스트를 읽고 정보를 학습(예: 학습을 위한 독서 reading to learn)하거나 새로운 지식을 생산하는 적극적인 독서 활동이 강조되고 있다. 독서는 근본적으로 텍스트에서 의미(지식)를 구성하는 고도의 사고 작용으로, 모든 독서 활동은 일종의 지식 습득(학습)의 과정이라고 할 수 있다.

과거 어느 때보다도 많은 양의 지식과 정보가 빠르게 생성되었다가 소멸하는 급변하는 사회 변화에 맞추어 살아가기 위해서는 지식과 정보를 효율적으로 다루는 능력이 필요하다. 따라서 아이들은 독해 능력을 증진하고, 자기 주도적이고 능동적으로 읽고, 지식을 구성할 수 있는 주체자가 되어야 한다. 이를 위해서는 학교 공부도 교과서에서 끝나서는 안 된다. 과학, 수학, 사회, 예술 등 교과 내용과 연관된 다양한 텍스트를 읽고, 교과 내용에 대한 이해를 심화·확장하여 고정적인 지식에서 벗어나 새로운 지식을 창출할 수 있어야 한다.

이를 위해 학습을 위한 교과 독서의 중요성이 강조되고 있다. 교과와 관련된 독서 즉 교과 독서를 하게 되면 교과 내용으로 형성된 배경 지식을 바탕으로 교과 내용을 심화·발전할 수 있는 기회를 갖게 된다. 뿐만 아니라 교과 독서 활동을 통해서 국어과뿐만 아니라, 과학, 사회, 수학, 예술, 가정 등 다양한 교과의 내용을 잘 학습할 수 있는 능력을 함양하게 되어 스스로 자기 주도적 학습력을 키울 수 있다.

효과적인 교과 독서를 위해서는 전략이 필요하다. 글을 읽는다는 것은 학습자에게 있어서 학습을 의미하기 때문에 읽기를 통해 학습 내용을 완전히 이해할 수 있도록 해야 한다. 진정한 의미에서 이해란 피상적으로 아는 것이 아니라 알게 된 내용을 바탕으로 새로운 것을 창조할 수 있거나 다른 사람에게 자신의 언어로 재구성하여 전달할 수 있어야 하는 것이다. 따라서 글을 읽을 때 자신의 배경 지식과 경험을 활성화하며 글의 내용을 예측하고 분석하는 등 비판적으로 읽어야 한다.

학습이 될 수 있는 읽기 방법으로 로빈슨의 SQ3R을 추천한다.

SQ3R(Survey, Question, Read, Recite, Review)은 미국의 교육 심리학

자 로빈슨(Francis Robinson)이 개발한 읽기 전략으로 Survey(대강 보기), Question(질문 만들어 보기), Read(읽기), Recite(되새기기), Review(복습하기)의 각 단계의 첫 철자를 따서 명명하였다.

① 대강 보기 Survey

이 단계에서는 글의 제목이나 그림 그리고 제목에 따른 첫 문장과 마지막 문장 등을 대강 살펴보게 한다.

tip

> 대강 살펴본 내용으로 글이 어떻게 구성되었는지 작성해 본다면 글 전체의 구조를 이해할 수 있게 된다.

② 질문 만들기 Question

글을 읽기 전, 글 내용에 대하여 다양한 질문을 만들 수 있다. 글의 내용을 상상해 보는 질문, 이미 알고 있는 지식과 연결시켜 보는 질문, 글의 흥미를 돋우는 질문 등 여러 가지 목적으로 질문을 만들어 보면 책에 대한 관심이 높아지게 된다.

방법

- 글의 제목이나 소제목에 '?'를 넣어 질문 만들어 보기
- 글의 내용 상상하는 질문 만들어 보기
- 이미 알고 있는 내용과 관련지어 질문 만들어 보기

③ 읽기 Read

앞서 만든 질문에 대한 답을 얻을 수 있는 단계로, 읽기 전에 가졌던 의문들을 해결할 수 있도록 집중적으로 읽어야 한다. 책에서 강조하는 내용과 중요한 용어, 개념은 물론 표, 그래프, 그림도 빼놓지 말고 읽어야 한다.

글을 보다 효과적으로 읽기 위해 밑줄을 그으면서 읽으면 좋다. 밑줄을 그으면서 읽으면 무엇이 중요한지 스스로 생각하게 되고, 줄을 긋는 행동으로 시각뿐만 아니라 감각도 사용하게 되어 보다 적극적인 읽기를 할 수 있게 된다. 밑줄을 그은 내용을 바탕으로 요점을 정리할 수도 있고, 복습을 할 때 중요한 부분을 다시 찾아 읽는 데 도움을 주기도 한다.

방법

- 밑줄을 긋기 전에 한 단락을 끝까지 읽고 중요한지 판단한다.
- 키워드에는 별도 표시를 한다.
- 전체 문장에 밑줄을 긋는 것보다 핵심 단어나 구절에만 표시하는 게 좋다.

④ 되새기기 Recite

책을 읽을 때는 계속 읽지 말고, 중간중간 멈춰서 읽으면서 질문을 떠올려 보고 혼자 답을 머릿속으로 정리해 보는 게 좋다. 일반적으로 이 단계에서는 중요한 내용은 반드시 외워 두는 것이 좋다.

방법

- 정리하기는 글을 다 읽은 후에 실시한다.
- 제일 먼저 생각나는 대로 한 단어나 한 구절의 형태로 적어 보고 마인드맵으로 정리해 보는 것도 좋다.
- 개조식으로 정리할 경우에는 시각화가 잘 되도록 내용을 구분하여 정리하는 것이 좋다.

⑤ **복습 Review**

마지막 단계로, 처음에 가졌던 질문에 답해 보고, 목차로 가서 각 제목을 보고 내용을 떠올려 보며 말이나 글로 정리해 본다. 읽은 내용에 대해 총정리하면서 자신이 이미 알고 있었던 지식과 경험 등과 관련지어 총 복습을 해 본다.

5. 아이의 진로 지도, 독서로 하자

흔히 '100세 시대'라고 한다. 100세를 살아가려면 몇 살까지 일을 해야 할까? 현재 내가 하고 있는 일은 몇 살까지 할 수 있을까? 우리 자녀들의 평균 수명은 120세라고 하는데 그들이 한평생 살아가려면 몇 개의 직업을 가져야 할까? 미래학자들은 평생 적게는 29개에서 많게는 40개 이상의 직업을 갖게 될 것이라고 한다. 그래서 '평생 직장'이라는 말은 없어지고, 진로 교육도 평생교육으로 이루어져야 한다는 인식이 강해졌다.

직업은 현실에서 막연한 꿈이 아니라 생존이다. 120세까지 내 자녀가 보다 행복하게 생존할 수 있으려면 진로 교육을 학교에만 맡겨도 될 것인지 생각해 보아야 한다. 그러나 자녀가 무엇을 좋아한다고 하여 그것이 바로 진로와 연결되는 것도 아니기 때문에 무엇을 어떻게 해야 할지 참 난감할 것이다.

누구나 유망 직업을 갖고 싶어 한다. 직업은 사회 변화와 아주 밀접한 관련

성이 있기 때문에 유망 직업은 시대마다 다르다. 예전에는 시내버스에 안내
양이 있었고, 전화 교환원이 있었다. 직업은 사회 변화에 따라 생성되기도 하
고, 소멸되기도 하며 또 진화되기도 한다. 따라서 진로 교육에 있어서 무엇보
다 중요한 것은 단순한 직업에 대한 교육이 아니라 사회 변화를 전망해 볼 수
있는 기회를 주어야 하고, 사회 변화에 따른 유망 직업을 탐색하고 이해하는
활동도 경험해 보아야 한다는 것이다.

아이들은 막연하게 돈을 많이 벌 수 있는 직업, 승진과 직원 복지가 좋은
직업을 유망 직업으로 생각하고 선호하고 있다. 직업은 개인적인 희망과 요
구에서 끝나는 것이 아니라 사회 변화와 깊은 관련성이 있다. 그렇기 때문에
유망 직업은 미래 사회의 변화 트렌드가 반영되어야 하고, 현재의 '유망한'이
아니라 '유망할' 미래에 초점을 맞추어 생각해야 한다.

우리의 미래 사회는 다양한 분야를 넘나드는 통섭형 인재를 요구한다. '통
섭형 인재'란 다방면에 지식이 많은 단순한 팔방미인형 인재가 아니라 하나
의 전문화된 분야를 가지고 있으며, 동시에 다른 분야에도 소양을 가지고 있
어서 문제가 발생하면 분야를 넘나들거나 융합하여 창조적으로 문제를 해결
할 수 있는 인재이다.

통섭형 인재가 되기 위해서는 인문학적 소양을 기본적으로 무장하고, 그것
을 바탕으로 창조적인 통찰력을 발휘할 수 있는 역량을 갖추어야 한다. 그래
야만 미래 사회의 온전한 구성원으로 제 역할을 수행할 수 있게 된다.

미래를 위한 진로 교육은 바로 통섭형 인재가 갖추어야 할 사회적 역량을

기르는 것이다. 따라서 바람직한 진로 교육은 지도하는 사람이 주축이 되는 것이 아니라 미래 사회를 준비하는 자녀가 주축이 되어야 하고, 그들이 능동적으로 활동할 수 있는 분위기와 장을 마련해 주는 데 초점을 맞추어야 한다.

진로 지도를 가정에서 할 수 있는 방법 중에 하나는 바로 독서를 활용하는 것이다. 자기 주도적인 독서 활동을 통하여 미래 사회에 필요한 가치관을 체득하고, 필요한 정보를 수집하고 조직하여 자신의 진로에 필요한 역량을 능동적으로 개발할 수 있는 기회를 제공할 수 있기 때문이다. 즉 자녀가 관심이나 흥미를 보이는 분야, 강점 지능 분야에 대한 책을 통해 관심 분야에 필요한 역량을 개발할 수 있도록 해야 한다는 뜻이다.

독서를 통한 진로 지도는 직업에 대한 개념을 갖게 되는 중학년 정도가 좋다. 처음에는 자기가 좋아하는 축구 선수나 요리사 등 롤 모델에 대한 책을 읽게 하면서 진로에 대한 흥미를 높이고, 학년이 올라갈수록 자기의 흥미 분야나 강점 지능과 관련된 직업군에 대한 책들을 접할 기회를 제공한다. 진로 독서 활동을 통해 아이는 직업이 사회 변화와 밀접한 관련성이 있다는 것을 깨닫게 되고 사회 변화에도 관심을 갖게 될 것이다.

진로와 관련되어 시중에 나온 책들을 살펴보면 직업의 필요성에서부터 각 직업에서 요구하는 능력, 그것을 개발하는 방법 등 다양한 책들이 나와 있다. 적어도 아이가 미래에 소멸될 직업군을 위해 진로 계획을 세우지 않도록 부모가 도와주어야 한다.

진로 독서 활동을 위해 책을 선정하기 전에 자녀와 충분한 이야기를 나누는 것이 좋다. 아직 자신의 미래에 대하여 구체적인 계획이 없는 아이에게 무조건 장래 희망이 무엇이냐고 묻고 그와 관련된 책을 선정한다면 흥미를 잃게 된다. 막연하게 생각하고 있는 자신의 진로에 대하여 점검해 볼 수 있도록 충분한 이야기를 나눈 후에 조심스럽게 권해 보는 것이 좋다.

"이다음에 직업을 갖게 된다면 어떤 일을 하는 사람이 되고 싶니?"

"그런 일을 하려면 목표를 어떻게 설정해야 할까?"

"준비는 어떻게 하면 좋을까?"

"목표를 이루기 위해 지금 당장 할 수 있는 일은 무엇일까?"

"그 일의 힘든 점은 무엇일까?"

"그 일을 잘하기 위해 갖추어야 할 능력은 무엇일까?"

"너와 정말 잘 맞는 것 같지? 어떤 점에서 잘 맞는다고 생각하니?"

"미래에도 그 직업이 있을까? 로봇으로 대체되지는 않을까?"

"미래에 이 직업이 다르게 진화되지는 않을까?"

이렇게 대화를 통하여 자신의 진로와 관련된 흥미 분야를 깊이 있게 생각해 보게 한 후, 진정 내가 원하는 것인지 아닌지를 생각해 볼 수 있는 기회를 제공해 준다면 아이는 이후 진로와 관련된 책을 선정할 때 보다 주도적인 모습을 보일 것이다.

진로와 관련된 책은 아이가 선정하도록 해 주자. 자기가 좋아하는 분야의 롤 모델이 누구인지 정하게 하고, 그 사람에 대한 책을 읽게 되면 자신의 미래를 더 현실적으로 생각해 보게 될 것이다. 모든 위인전이 그렇듯이 진로와 관련된 인물의 책 속에는 성장 과정이 나타나 있고, 꿈을 이루기까지 준비와 과정이 자세히 나와 있다. 꿈을 위해 어떤 준비와 노력을 해 왔고, 위기를 어떻게 극복하였는지 등등을 보면서 꿈을 이루기까지 얼마나 많은 노력을 해야 하는지 스스로 깨닫게 될 것이다. 더불어 아이는 자신의 꿈을 이룬다는 것은 저절로 되는 일이 아니라 어렸을 때부터 준비를 해야 한다는 사실을 알게 될 것이다. 또 실제로 현존하는 인물이 그 대상이라면 그 분야의 일을 잘하기 위해 필요한 능력이 무엇인지 직업에 필요한 역량에 대해서도 생각하게 될 것이다.

진로 지도를 위한 독서 활동은 꼭 책을 읽어야만 할 수 있는 것은 아니다. 요즘 유튜브에는 다양한 분야의 전문가들의 미니 강의나 생활 다큐가 많다. 영상물을 함께 감상하고 이야기를 나누는 것도 진로 교육을 하는 하나의 방법이 될 수 있다. 그런 후에 그 분야에 대하여 혹은 롤 모델에 대하여 더 자세히 알고 싶다면 책을 권해 보는 등 영상을 먼저 활용하는 방법도 좋다.

책이나 영상을 읽고 난 다음에는 아이에게 자신의 꿈과 관련지어 생각해 보게 하고, 필요한 역량에 대해 서로 이야기를 나누고, 나라면 그 위기를 어떻게 극복했을지 그리고 성공했다면 어떤 삶을 살지 등등 자신의 삶의 가치에 대해서도 생각해 볼 수 있는 기회를 제공하도록 하자. 특히 '꿈 너머 꿈' 즉 그 꿈을 이루어서 무엇을 어떻게 할지, 혹은 어떤 삶을 살아갈 것인가에 대해서도 생각할 수 있도록 도와주는 것이 좋다. 무조건 꿈을 향해 달려서 그 꿈을 이루고 난 다음에 삶을 함부로 사는 사람들이 있다. 이는 꿈 너머 꿈에 대하여 생각해 보지 않았기 때문이다. 어떻게 살 것인가에 대한 가치는 어렸을 때부터 고민할 수 있도록 도와주어야 주도적인 삶을 살 수 있게 된다.

진로와 관련된 도서들을 유심히 살펴보고 책을 잘 선정한다면 독서력뿐만 아니라 진로 지도에도 많은 도움이 될 것이다.

앞의 내용을 다 읽고 이제 마지막 장을 펼친 여러분께 진심으로 감사하는 마음을 전한다.

이 마지막 장에서는 앞에서 한 번 정리한 '행복한 자녀로 키우기 위한 대원칙 12가지'에 대하여 좀 더 자세한 설명을 하고자 한다.

이 대원칙 12가지는 저자의 아이들이 문제를 일으키고 나서, 많은 시간이 지난 뒤에 얻은 깨달음을 정리한 것이다.

앞에서는 내 아이들과 관련된 이야기를 뺀 채 기본 원칙을 간단하게 정리했다. 하지만 이런 정리된 생각이 나오기까지 내가 아이들을 어떻게 양육하고 교육했는지, 그로 인해 어떤 어려움을 겪었는지를 알면 여러분이 이해하기가 쉬울 거라는 생각에 개인적인 경험을 털어놓는 장을 마련하기로 했다.

행복한 자녀로 키우기 위한 대원칙 12가지

1. 감시자가 되지 말고 진정한 부모가 되어라

당신은 지금 감시자인가? 아니면 진정한 부모인가?

최근 아이의 말을 30분 이상 들어준 적이 있는가? 아이에게 내가 말하는 30분이 아니라 아이의 말을 들어주는 30분 말이다.

나는 두 아이를 키우면서 늘 바쁘다는 이유로 마음의 여유를 갖지 못했다. 내가 아이들을 양육하며 제일 많이 한 말은 '얼른, 빨리, 바빠.' 3종 세트였다.

그래서 아이들과 눈을 맞추며 공감해 준 적도, 아이들의 말에 맞장구를 치며 진지하게 들어준 기억도 거의 없다. 아이가 말을 할 때 나는 늘 무엇인가를 하고 있었고, 아이가 말을 길게 하면 들어가서 얼른 숙제를 하라거나 빨리 학원을 가라며 말문을 막아 버리곤 했다. 늘 바쁘게 살면서 틈만 나면 아이들에게 너 잘되라는 명목의 잔소리를 정말 많이 한 것 같다. 내가 아이들에게 한 말들은 주로 "숙제 했니? 일기 썼니? 문제집 풀었니? 시험 잘 보았니? 학원 갔다 왔니? 준비물은 다 챙겨 두었니? 방 청소는 했니?" 등등 수없이 많은 잔소리뿐이었다. 되돌아보니 나는 부모가 아닌 관리자, 감독자, 감시자의 역할을 했다. 아이들에게 잘 먹이고, 좋은 옷 입히고, 사교육 열심히 시키는 것이 부모의 역할이라고 착각을 했다.

아이가 "엄마!", "아빠!" 하고 불렀을 때 모든 것 내려놓고 아이의 눈을 바라보며 아이의 감정을 읽어 주고 맞장구치며 아이의 말을 들어줄 수 있는 30분의 여유를 가진 부모라면, 아이가 나에게 30분 이상 이야기를 할 수 있게 분위기를 만들어 줄 수 있는 부모라면 진정한 부모의 역할을 하는 '코치형 부모'라 할 수 있다. 여러분이 가장 먼저 갖추어야 할 기본은 아이들에게 감시자나 관리자가 아닌 진정한 코치형 부모가 되어 주는 것이라고 생각한다.

2. 엄마 주도 학습(타인 주도 학습)이 아닌 자기 주도 학습을 하게 하라

인생에서 가장 중요한 것은 무엇일까? 그것은 수학 잘하고 영어 잘하고 국어 잘하는 것이 아니다. 어려서부터 스스로 무엇인가를 할 수 있는 '자기 주도 학습 능력'을 기르는 것이다. 자기 주도 학습 능력이란 스스로 생각하고 스스로 선택해서 스스로 행동으로 옮기는 능력을 말한다.

엄마 주도 학습, 타인 주도 학습, 학원 주도 학습을 하게 되면 머지않아 곧 한계가 오게 된다. 다만 아이들에 따라 그 시기가 다를 뿐이다.

우리 아이들은 '엄마 주도 학습'을 했다. 엄마가 생각하고 엄마가 선택해서, 엄마가 하라는 것을 잘하면 '착한 아이'였다. 내가 원하는 대로 잘하면 '훌륭한 아이'라고 세뇌시켰기 때문이다. '착한 아이'라는 굴레 속에 가두어 두고 내가 조종하기 좋은 꼭두각시의 역할을 하게 하였다. 그래서 우리 아이들은 꽉 짜여진 일정 속에서 아이들이 가 보고 싶은 곳에 가지 못하고, 하고 싶은 것을 하지 못하고, 놀고 싶은 것, 만나고 싶은 친구조차 만나지 못하며 땅도 제대로 밟을 틈이 없는 유년기와 청소년기를 보냈다. 그렇게 엄마가 시키는 대로 순종하며 전교 회장과 부회장을 맡고, 수많은 상을 수상하고, 전교 최상위권의 아이로 잘 자라고 있다고 생각했었다. 그렇게 키우면 영원히 잘될 줄 알았다. 나의 양육 방법에는 유효 기간이 있다는 것을 몰랐다. 그 유효 기간은 언제까지였을까?

아들이 고등학교 3학년 8월 말, 딸도 같은 해 고등학교 2학년 9월 말에 학교를 자퇴하고 말았다. 엄마 주도 학습, 타인 주도 학습은 언젠가 한계가 온다. 우리 아이들은 가장 중요한 시기인 고3, 고2에 한계가 왔지만, 비싼 등록금을 내고 대학 1학년 때 학교를 그만두고 반수를 하거나, 2학기에 재수를 하는 아이들도 상당히 많다. 수능 성적에 맞추어 부모가 원하는 대학에 들어왔지만, 이내 자기 길이 아님을 깨닫는 아이들이 많기 때문이다. 그나마 1학년 때 그만둔 아이들은 용기 있는 아이들이다. 부모님이 무섭거나 무엇을 해야 할지 몰라서 목표도 없이 세월만 가기를 바라는 학생들도 있고, 대학을 졸업하고 다시 대학을 가는 경우도 많다. 뿐만 아니라 대학을 졸업하고 무기력하게 시간을 보내는 이들도 많이 있다. 지금 우리나라의 청년 실업 문제는 가장 큰 사회 문제 중 하나이다. 그러므로 부모는 내 아이가 청년이 되어 고민하는 일이 없도록 어려서부터 스스로 생각하고 스스로 선택하며 스스로 행동으로 옮길 수 있는 자기 주도 학습 능력을 키워 주어야 한다.

3. 자존심을 키우지 말고 자존감을 키워라

자기 주도 학습 능력의 가장 중요한 요소는 동기 영역, 행동 영역, 인지 영역 3가지이다. 그 3가지 중에서도 가장 중요한 것이 '동기 영역'이다. 무엇인가를 스스로 하기 위해서는 '동기 부여'가 필요하기 때문이다. 동기 부여란 무엇인가 자꾸 하고 싶어지는 마음을 말한다.

여러분은 아마 아이들에게 이런 말을 듣고 싶을 것이다.

"엄마, 나 공부하고 싶어. 잠이 잘 안 와."

"나는 학교 가는 것이 제일 좋아. 그런데 왜 학교는 쉬는 날이 많아? 쉬는 날을 줄여 주면 좋겠어."

"우리 집에 읽을 책이 부족하니 주말에 서점에 가고 싶어."

그런데 우리 아이들은 이런 말을 거의 하지 않는다. 그 이유는 무엇일까?

바로 동기 부여가 잘 되지 않았기 때문이다. 동기 부여를 위해서는 여러 가지 요소들이 필요한데, 가장 중요한 것은 '자존감'이라는 연구 결과가 있다.

자존감이 뭘까?

'나 왜 이렇게 잘하지?'

'나 상당히 잘하는데.'

'내가 하면 꽤 잘해.'

'내가 했는데 어쩜 이렇게 예술이고 감동이냐?'

위와 같은 생각을 갖게 하는 것이 자존감이다. 그럼 자존감은 어디서 비롯

되는 것일까? 내가 잘하고 있다는 사실을 어떻게 알 수 있을까? 누군가로부터 인정, 존중, 지지, 격려, 칭찬을 받은 아이가 자존감이 높을까? 멸시, 천대, 학대, 비난, 경멸을 받은 아이가 자존감이 높을까? 말할 필요도 없이 전자의 경우가 자존감이 높다. 영혼 없는 고래도 칭찬을 하면 춤을 춘다고 하는데, 영혼을 가진 우리 아이들이 칭찬을 받는다면 어떻게 될지 상상해 보라. 장담컨대 엄청난 잠재력을 이끌어 낼 수 있을 것이다.

아이들에게 자존감을 키워 주는 것은 정말 중요한 일이다. 그런데 많은 부모들은 자존감이 아닌 자존심을 키워 주려 한다. 자존심은 어디서 오는 것일까? 대부분 '열등의식'에서 온다. 이 열등의식은 멸시, 천대, 학대, 비난, 경멸 등을 들으며 인정, 존중, 지지, 격려, 칭찬을 받지 못하고 자란 아이들의 마음속에 똬리를 틀고 앉아 아이들을 불행하게 하는 부정적인 생각이다. 학생들을 가르치다 보면 아주 예민한 아이들이 눈에 띌 때가 있다. 그 부모들은 "우리 아이는 아주 예민해요."라고 말하며 아이가 마치 있어 보이는 아이라고 착각을 하는 경우가 많다. 그런데 '예민하다.'는 것은 자랑이 아니다. '예민한 아이'라는 말은 잘못된 양육 방법에서 나온다.

내 딸은 요즘도 종종 예민한 성격을 드러내곤 한다. 왜 그럴까? 내가 어린 시절 인정, 존중, 지지, 격려, 칭찬에 매우 인색했기 때문에 그렇게 된 것이다.

와타나베 준이치가 쓴 『둔감력』이라는 책이 있다. 이 책의 주요 내용은 '천천히 반응하는 사람만이 속도를 따라잡는다.' 즉 둔한 사람이 사회적으로 성공하고 행복한 삶을 산다는 것이다. 둔한 사람은 예민하지 않은 사람, 즉 무던한 사람, 어떤 자극이 와도 화를 잘 내지 않고 마음이 넉넉하고 포용력이 있는 사람이라는 것이다. 이런 사람들은 자존감이 높다. 누군가가 상처를 주어도 그 상처 때문에 많이 힘들어 하지 않고 시련과 어려움이 닥쳐도 잘 극복한다.

그래서 자존심을 키워 주기보다는 자존감을 키우는 교육이 필요하다. 자존감을 키워 주기 위해서는 인정, 존중, 지지, 격려, 칭찬이 생활화되어야 한다.

4. 못하는 것을 잘하게 하려 하지 말고, 잘하는 것을 더 잘하게 하라

앞에서 언급한 것처럼 우리나라 부모들은 아이가 무엇을 잘하는지 잘 모르고 있거나, 때로는 알면서도 인정해 주지 않는 경향이 높다. 그리고 아이의 부족하고 못하는 것을 찾아내 잘하도록 강요하는 부모가 많다. 잘하는 것을 더 잘하게 하는 교육이 '진로 교육'이라면 '학습 교육'은 못하는 것을 더 잘하게 하려는 경우가 많다. 불행히도 우리나라의 교육은 진로 교육보다 학습 교육에 치우쳐 있다.

이스라엘의 학교 통지표에는 이렇게 쓰여 있다고 한다.

공부 가장 잘한 아이 '세 자리 수 곱하기 세 자리 수를 매우 잘합니다.' 중간 성적 정도의 아이 '두 자리 수 곱하기 두 자리 수를 매우 잘합니다.' 맨 하위 성적 정도의 아이 '한 자리 수 곱하기 한 자리 수를 매우 잘합니다.'

이것은 무엇을 의미하는 것일까? 선생님들이 보기엔 수학을 못하는 아이가 없다는 것이다. 자기 분야에서 자기 능력만큼 잘하면 인정을 해 주는 교육 풍토이기에 가능한 표현이 아닐까 싶다.

우리가 학습 교육, 학력 위주의 세로 줄을 열심히 세우고 있는 동안 그들은 아이가 가진 능력별로 가로 줄을 열심히 세우고 있었던 것이다. 그래서 그 분야에서 잘하면 인정을 해 주고, 그 분야를 더 잘하도록 정보를 제공해 주고 여건을 갖춰 주어 잘하는 것을 더 잘하게 만들어 주는 교육에 중점을 두었던 것이다. 그 결과가 현재 세계 곳곳에서 유태인이 정치, 경제, 문화 등 여러 분야에서 세계 정상으로 인정받는 것으로 나타나고 있다. 그들은 우리에게 "너희 나라 사람들은 참 이상하다. 신이 준 잠재 능력을 계발하기도 바쁜 세상에 신도 주지 않은 능력을 인간이 계발하겠다고 돈 들이고 시간 들이고 아이 잡고 본인 불행하고, 그런 일을 왜 하는지 이해가 되지 않는다."고 말한다. 혹시 여러분들은 신이 주지 않은 능력을 계발하겠다고 아이가 못하는 것을 도끼눈을 뜨고 찾아내 아이를 힘들게 하고 있는 것은 아닌지?

우리 집 두 아이는 성별도 달랐지만 타고난 능력도 달랐다. 아들이 3살에 한글을 읽기 시작하자 나는 그런 아들이 천재인 줄 알았고, 내 자식은 당연히 그 정도는 되어야 한다고 생각했다. 그런데 똑같은 자식인데 딸은 7살이 되어도 한글을 읽지 못했다. 나는 그런 딸을 정말 답답해했다. 대한민국 사람이 눈만 뜨면 읽고, 보고, 쓰는 것이 한글인데 어떻게 7년을 읽고, 보고, 썼는데 읽지도 못하고 쓰지도 못하는지 이해할 수가 없었던 것이다. 조바심을 내며 열심히 한글을 가르쳤지만 딸아이는 결국 한글을 떼지 못한 채 입학을 했다. 1학년 때 가장 중요한 시험은 무엇일까? 바로 '받아쓰기'이다. 나는 받아쓰기가 아이의 인생을 좌우하는 줄 알았다. 그래서 받아쓰기 시험 보기 전날, 우리 집은 그야말로 폭풍 전야였다. 늘 비상사태가 선포되었고 아이들은 혹독한 연습 경기를 치러야 했다. 그런데도 딸아이는 50~60점을 면치 못했기에 늘 야단을 맞았다. 나중에 많은 세월이 지난 뒤 알게 된 사실, 딸은 수리, 과학,

예술 분야에 소질이 있었다. 그런데 1학년 때 받아쓰기로 아이의 능력을 판단하다 보니, 아이는 자존감 형성의 중요한 시기를 놓치고 공부 못하는 아이, 능력이 부족한 아이라는 생각을 갖게 해 버린 것이었다.

아들은 언어 쪽이 강한 아이였다. 대신 수리, 과학에 약했다. 신은 공평해서 한 아이에게 모든 능력을 주지는 않는다. 아이마다 각자 다른 능력을 주고 그 능력을 각자 발휘해서 서로 협동하며 행복하게 살라는 것이 신의 뜻이다. 아들은 언어에 강한 아이였기에 3살 때 한글을 읽을 수 있었던 것이다.

그럼에도 불구하고 어리석은 부모였던 나는 신이 주지 않은 딸의 언어 능력, 아들의 수리, 과학 능력을 계발하기 위해 돈과 시간을 들여 학원에 보내고 과외를 시키고 도끼눈을 뜨고 문제집 푸는 것을 감시했다. 여기까지는 부모로서 아이가 못하는 과목에 대한 정보를 제공하고 여건을 만들어 주는 것이니 이해할 수 있는 부분이라 할 수 있다. 문제는 그 다음이다. 내가 원하는 만큼 성적이 나오지 않자, 돈을 들였는데 왜 성적이 잘 나오지 않느냐고 아이들을 다그치는 날들이 많아졌다. 그랬더니 두 아이는 어느 날부터인가 자신이 무엇을 잘하는지도 모르게 되었다.

자신이 무엇을 잘하는지도 모르는 아이들에게 모든 과목을 잘해야 한다는 부담감을 갖게 했으니 얼마나 힘들었을까? 과연 그런 아이들이 자존감이 있었을까?

자, 오늘부터 자녀의 무엇을 보는 게 좋을지 생각해 보자. 가장 먼저 잘하는 것에 주목해야 한다. 그런데 잘하는 것을 쉽게 찾아낼 수 있을까? 아이의 머리에 써 있는 것도 아니고, 아이가 무엇을 잘한다며 현수막 들고 태어나지도 않았는데……. 그리고 어려서 잘하는 것을 커서도 잘하라는 법이 없다. 그러니 아이가 무엇을 잘하는지 알려면 어떻게 하는 것이 좋을까? 남에게 해를 끼치거나, 본인의 건강을 상하게 하는 일만 아니라면 아이가 무슨 일을 하든 잘했다고 칭찬을 해 주는 것이 중요하다. 그러면 아이들은 자신감을 갖고 이것저것 해 보다가 자신에게 맞는 일을 찾아낼 것이다. 그 일이 바로 신이 준 아이의 능력이며, 아이의 가슴을 뛰게 하고 설레게 하는 일이다. 이것이 제대로 된 진로 교육이라 할 수 있다.

5. 결정적 시기보다 민감한 시기를 더 중요하게 생각하라

아이들에게는 어떤 시기에 그것을 하지 않으면 안 되는 결정적 시기보다 더 중요한 시기가 있다. 아이가 어떤 것에 몰입하게 되는 민감한 시기이다. 그런데 많은 부모들이 결정적 시기에 초점을 맞춘다. 아이가 어떤 시기를 놓치면 안 된다는 생각에 어린 시절부터 아이의 능력이나 상황을 고려하지 않은 채 영어 공부를 시키고, 창의성을 길러 준다는 미명 아래 아이들을 이리저리 끌고 다니는 부모도 많다.

아이들을 키우다 보면 어느 시기에는 소꿉놀이를 유난히 좋아하고, 어느 시기에는 블록 쌓기에 관심이 많고, 어느 시기에는 텔레비전 보기, 어느 시기에는 책 읽기에 관심을 보인다는 것을 알게 된다. 이렇게 관심이 많은 이 시기가 바로 아이가 그 분야에 민감한 시기이다. 아이의 민감한 시기는 양육을 담당하는 부모가 가까이에서 관찰을 통해서 드러난다. 그래서 부모는 가르치고 싶어 주는 역할이 아니라 관찰하는 역할이 더 중요함을 잊지 말아야 한다.

아이가 특정 부분에 민감한 시기가 되면 부모는 그 분야에 풍성한 환경을 만들어 주고 정보를 제공해 주어야 한다. 무엇인가에 몰입하는 것은 아이의 삶에 아주 긍정적인 영향을 주는 중요한 시기이기 때문이다.

몰입의 즐거움을 느낄 때 인간에게는 세라토닌, 도파민, 엔돌핀, 다이돌핀이라는 신비한 물질들이 생성된다. 그 물질들이 생성되면서 인간은 행복감을 느끼게 된다. 이런 물질들이 아이의 뇌 발달을 촉진시키며 뇌의 용량을 키우는 중요한 일을 한다. 어려서 중요한 것은 뇌의 용량을 키우는 일이다. 뇌의 용량을 많이 키워 놓아야 인생을 살면서 필요하고 중요한 내용을 많이 담을 수 있다.

그런데 나는 아이들의 뇌 용량을 키우는 일보다는 그 시기에 하지 않으면 안 된다고 생각한 일에 집중했다. 용량이 작은 아이들의 뇌에 국어를 담고 수학을 담고 영어를 담고, 담고 또 담았더니 결국엔 깨지고 부서지고 갈라졌다.

나와야 되는 세라토닌, 도파민은 나오지 않고 나오지 않아야 될 스트레스 호르몬인 코르티솔만 쌓여서 아이들은 매우 심각한 우울증을 앓게 되었던 것이다.

한글을 잘 못 읽는 딸은 그림이 많은 만화 보는 것과 만화 그리는 것을 아주 좋아했다. 미술 감각이 있었던 딸은 그림에 민감한 아이였던 것이다. 그런데 2차 산업혁명적인 마인드를 가진 내가 보기에 만화는 매우 못마땅한 것이라 생각되었다. 나는 만화를 좋아하는 아이들은 공부에 관심이 없는 문제아라는 잘못된 선입견을 갖고 있었다. 그래서 늘 만화를 보는 딸을 윽박질렀다.

"너는 왜 만날 만화만 보니? 줄로 된 글을 읽어야지. 만화는 공부 안 하는 아이들이 보는 거야. 네가 만화만 보니까 한글을 제대로 못 읽는 거야. 그리고 쓸데없는 그런 그림 누가 그리라고 했어?"라며 상처를 주는 말도 서슴지 않았다.

만약 그때 딸에게 "우리 딸은 만화 보는 것을 좋아하는구나. 요즘 어떤 만화를 보니? 그 만화 이야기, 엄마에게도 말해 줄래? 만약에 네가 만화를 그린다면 어떤 만화를 그리고 싶어? 요즘 미국에서는 이런 만화를 많이 보고 일본과 독일은 이런 만화가 유행이래."라고 말을 해 주며 풍성한 환경을 만들어 주고 좋은 정보를 많이 제공해 주었다면 어땠을까? 자기가 좋아하는 만화를 더 많이 보기 위해 영어와 일본어, 독일어도 공부하려 하지 않았을까? 아마 그런 엄마 밑에서 자랐다면 지금쯤 딸은 자신이 좋아하는 만화 부분에서 신이 준 잠재 능력을 발휘하여 세계적인 만화가나 웹툰 작가가 되어 나라를 빛내는 사람이 되어 있을지도 모른다.

아들은 무엇인가 만드는 것을 좋아했다. 특히 레고 만들기를 좋아했다. 레고로 만들기를 시작하면 몰입해서 아주 좋은 작품을 만들곤 했다. 레고로 만들기를 할 때 아들은 시간 가는 줄도, 밥 먹을 생각도 하지 않고 몇 시간을 그것에만 매달렸다. 남편은 아들을 사랑하는 마음의 표현으로 늘 새로 나온 레고를 곧바로 사다 주고 응원했다. 그런데 2차 산업혁명적인 마인드를 가진 나에게 '레고'는 어떤 것이었을까? 솔직히 쓸데없는 장난감일 뿐이었다. 그런 레고를 비싼 돈을 주고 사다 주는 남편도 마음에 들지 않았고, 레고에 몰입해서 많은 시간을 보내고 있는 아들이 이해가 되지 않았다. 엄마가 골라서 질로 사다 놓은 책들은 거들떠보지도 않고 레고에만 시간을 허비하는 아들은 늘 야단을 맞았다. "너는 무슨 레고를 하루 종일 하고 있니? 해야 할 일 수두룩한

데 왜 만날 레고만 하는 거야. 빨리 치우고 책 읽지 못해? 너, 레고 1시간 하면 책 3권 읽어." 등등의 수많은 잔소리를 쏟아부었다.

만약 그때 "우리 아들은 레고를 참 좋아하는구나. 오늘 작품은 어제보다 더 좋은 작품이네. 오늘은 어떤 작품을 만들었니? 앞으로 어떤 레고를 만들어 보고 싶어? 요즘 다른 나라에서는 레고로 이런 작품도 만들고 있단다."라고 말해 주었다면 아들은 창의성이 신장되어 지금쯤 레고 회사의 세계적인 아이디어맨이 되어 있을지도 모른다.

두 아이들은 만화와 레고 만들기를 좋아하던 그 민감기에도 엄마에게 늘 야단을 맞아야 했다. 좋아하는 것을 하면서도 엄마가 나타나면 어쩌나, 엄마가 하지 말라고 했는데, 빨리 끝내야 하는데 등의 불안감과 죄책감에 쫓겨 제대로 몰입하지 못했다. 그렇게 행복감을 전혀 느끼지 못한 상태로 시간만 보내는 일을 하고 있었으니 우울증에 걸릴 수밖에 없었으리라.

아이들이 무엇인가에 민감하게 몰입해서 하는 일은 시간을 낭비하는 것이 아니라 아이의 뇌에서 정말 중요한 일이 이루어지고 있음을 명심해야 한다.

6. 복수심을 키우는 원수 되는 대화를 하지 말고 관계를 좋게 하는 다가가는 대화를 하라

워싱턴 대학 심리학과 명예교수이며 통계와 수학까지 전공한 세계적인 석학인 존 가트맨 박사는 대화를 서로 원수 되는 대화, 멀어지는 대화, 다가가는 대화 3가지로 나누었다.

존 가트맨 박사는 50여 년간 3000여 쌍의 부부를 대상으로 부부 관계 및 부모와 자녀와의 관계를 연구했다. 여러 가지 많은 연구를 하였는데 그중 중요한 연구 중 하나가 죽을 때까지 행복하게 사는 부부와 중간에 헤어지는 부부 사이에는 어떤 차이가 있는지 알아보는 것이었다.

헤어진 많은 부부들은 성격 차이, 경제적 이유, 시댁과 처가와의 갈등, 폭력, 외도 등을 결별의 이유로 들었다. 그러나 그 이유들은 공통점이 없었고, 그대로 믿기도 어려웠다. 성격 차이가 나면 다 헤어져야 하는데 그렇지 않은 부부도 많았으며, 경제적 이유 때문이라면 재벌들은 왜 많이 헤어지는지 설명이 되지 않았던 것이다. 외도 때문에 헤어진다면 언젠가 'Me too'에 이름이 거론되었던 수많은 사람들의 가정이 다 헤어져야 할 것이다. 그러나 아직도 건재한 가정이 많이 있다. 그래서 다른 이유가 있을 거라는 가정 하에 꾸준히 연구를 이어 갔다. 그 결과 부부가 헤어지는 결정적인 이유는 싸움의 내용이 아니라 대화의 방식에 있음을 알게 되었다.

원수 되는 대화는 부모님들이 '너 잘되라.'는 명목으로 쏟아붓는 수많은 잔소리들과 상대의 말에 즉각적으로 반박하거나 비웃는 비난, 방어, 경멸, 담쌓기의 대화이다. 이런 대화는 들을수록 무시당하는 기분, 슬픔, 분노 등을 느껴 스트레스가 높아지는 대화라고 할 수 있다.

멀어지는 대화는 눈을 맞추지 않고 소리만 듣고 하는 대화, 화제를 돌리고, 엉뚱한 소리를 하거나 대꾸하지 않는 것이다. 무시당하는 기분, 외로운 기분을 느끼게 해서 부정적인 감정이 치솟는 대화이다.

다가가는 대화는 경청, 공감, 수용, 이해, 제안 등 상대의 말에 관심을 보이며 적극적으로 반응하고 다가감으로써 마음을 열게 하고 관계를 좋게 하는 대화이다.

어려서부터 원수 되는 대화, 멀어지는 대화를 많이 듣고 자란 아이들은 원수 갚을 생각을 하게 된다. 복수의 칼을 갈면서 기다리다가 깡이나 힘이 좋아지는 시기, 즉 사춘기에 그 칼을 빼어 들며 반란을 일으킨다. 학교에서 늘 싸우거나, PC방에서 시간을 허비하거나, 심지어 가출을 하고 범죄를 저지르는 등의 다양한 문제 행동들은 모두 부모의 속을 태우며 힘들게 하려는 일종의 부모에게 복수를 하는 행위라고 할 수 있다. 아이가 어려서 당한 만큼 부모인 당신들도 고통을 당해 보라는 뜻이다.

모든 아이들이 사춘기에 반란을 일으키는 것은 아니다. 어린 시절 원수 되는 대화, 멀어지는 대화를 아이들의 마음에 얼마나 많이 심어 놓았는지에 따라 칼을 휘두르는 강도가 비례한다. 말 잘 듣고 공부 잘하던 아이가 사춘기에 갑자기 부모를 힘들게 하고, 열 받게 하고, 미치게 한다면? 그 아이가 어렸을 때 부모가 그만큼 아이를 힘들고 열 받게 하고, 미치게 한 만큼 돌려받고 있다고 생각할 수 있다.

늘 학교에 와서 싸우는 아이들은 대체 왜 그럴까? 바로 엄마 아빠 귀에 들어가서 열 받기를 바라는 것이다. 텔레비전에 빠져 있거나, 게임기와 휴대폰을 붙들고 살거나 PC방에 가서 시간을 보내고 있는 아이들은 대체 왜 그럴까? 바로 부모의 속을 태우려고 그러는 것이다. 가출을 하거나 범죄를 저지르는 아이도 있다. 이 모두가 부모에게 어려서 당한 만큼 부모인 당신들도 고통을 당해 보라는 반항의 몸짓이다.

우리 집 아이들은 왜 학교를 그만두었을까? 우리 부부가 가장 강조한 것이 학교와 공부였기 때문이다. 엄마 아빠를 가장 힘들게 하는 것이 바로 학교를 그만두고 공부 안 하는 것이라는 것을 두 아이는 너무 잘 알고 있었던 것이다. 어려서부터 원수 되는 대화를 마구 퍼부은 대가를 톡톡히 치른 셈이다. 이 글을 읽는 여러분은 자녀들에게 원수 되는 대화를 많이 해서 복수 당하지 말고 다가가는 대화로 행복한 관계를 유지하기 바란다.

7. '파충류의 뇌'가 아닌 '영장류의 뇌, 전두엽'을 활성화시켜라

뇌 과학자인 폴 맥린 박사는 인간의 뇌를 3층 뇌로 나누어 설명한다. 제1의 뇌를 '파충류의 뇌', 제2의 뇌를 '포유류의 뇌', 제3의 뇌를 '영장류의 뇌'로 구분한 것이다. 파충류의 뇌는 주로 생명에 관련된 호흡, 혈압, 심장 박동, 체온 조절 등의 일을 한다. 포유류의 뇌는 감정, 식욕, 성욕, 기억에 관련된 일을 한다. 영장류의 뇌가 담당하는 일은 기획, 조직, 우선순위 판단, 감정 조절, 충동 조절, 이성, 행복감 등이다.

뒷목덜미 위쪽의 쏙 들어간 부분 안쪽에 있는 것이 파충류의 뇌이다. 이 뇌는 앞에서 말한 것처럼 생명에 관련된 뇌이기 때문에 이곳을 다치면 생명이 위험해진다. 그래서 이 뇌를 보호하기 위해 한 번 더 둘러싸고 있는 것이 포유류의 뇌, 한 번만 둘러싸면 불안하니 한 번 더 둘러싸고 있는 것이 영장류의 뇌이다. 딱딱한 머리뼈 바로 밑에 있는 부분은 모두 영장류의 뇌이다. 그중 앞부분이 전두엽, 뒷부분이 후두엽, 옆부분이 측두엽, 그리고 맨 위 정수리 부분을 두정엽이라고 부른다.

모든 뇌가 중요하지만 이 중 가장 많이 언급되는 부분은 전두엽이다. 전두엽은 바로 이마 위부터 정수리 부분까지 넓은 부분을 차지하고 있으며, 이곳을 뇌의 사령관이라고 한다.

전두엽은 인간에게 가장 중요한 3가지 기능을 맡고 있다. 학습 능력을 우수하게 해 주며, 인격을 훌륭하게 해 주고, 행복감을 느끼게 해 준다. 전두엽이 손상되면 학습 능력이 저하되고, 인격이 나빠지고, 행복감을 느끼지 못하며 우울증이 생기게 된다. 그래서 학습 능력이 우수하고 인격이 훌륭하고 행복한 아이로 키우는 데 가장 중요한 일은 전두엽을 활성화시키는 것이다. 아이들을 키울 때 가장 중요한 것은 부모의 말과 행동이 아이들의 전두엽을 활성화시키는 것인지 파충류의 뇌를 활성화시키는 것인지 알아야 한다 .

파충류의 뇌, 포유류의 뇌, 영장류의 뇌에 피가 골고루 잘 흐를 때 사람으로서의 역할을 제대로 잘 해낼 수 있다. 이때는 문제가 거의 없다. 공부 잘하고, 말도 잘 듣고, 싸우지도 않는다.

그런데 사람이 화가 나면 어떤 일이 생길까? 화가 났을 때 신체 기관 중에서 가장 먼저 반응하는 곳이 바로 '심장'이다. 우선 심장 박동이 빨라진다. 심장 박동이 빨라지면 심장 박동을 관할하는 파충류의 뇌가 깨어난다. 그래서 화가 나면 심장 박동이 빨라지고, 심장 박동이 빨라지면 파충류의 뇌가 움직이기 시작하는 것이다. 포유류의 뇌, 영장류의 뇌에 골고루 퍼져 있어야 할 피가 파충류의 뇌로 몰린다. 갑자기 몰려드는 피로 혈관이 팽창해서 뒷골이 당기고 무거워지는데, 피가 너무 많이 몰리거나 자주 이런 일이 반복되면 혈관이 약해지며 터지게 된다. 이런 현상을 뇌출혈이라 한다.

그럼 아이들이 화가 나는 경우는 언제일까? 사실 아이들이나 어른들이나 화가 나는 상황은 거의 비슷하다. 제일 화가 날 때는 바로 원수 되는 말, 멀어지는 말을 들을 때이다. 즉 잔소리를 들을 때라고 할 수 있다. 하고 싶은 것을 하지 못할 때, 하기 싫은 것을 억지로 해야 할 때도 화가 나서 심장 박동이 빨라진다. 이때 골고루 흘러야 할 피들이 파충류의 뇌로 몰린다.

그런데 문제는 파충류의 뇌에 피가 다 몰려 있으면 제일 중요한 영장류의 뇌, 특히 전두엽에는 피가 없어서 제 기능을 하지 못한다는 것이다. 기억력, 집중력, 이해력, 판단력, 사고력이 모두 저하될 수밖에 없다.

영장류의 뇌와 전두엽에 피가 흐르지 않으니 자율 신경계와 호르몬 체계가 망가지면서 파충류의 뇌가 활성화되어 파충류의 상태가 된다. 인간의 모습을 하고 있으나 동물적인 반응이 바로 나오며 공격적으로 변하는 것이다. 전두엽이 비어 있는 상태라 이성적인 판단을 할 수 없는 아이는 화를 내고 공격적인 태도를 보인다. 그런 아이를 보는 엄마는 어떻게 될까? 당연히 화가 치솟게 마련이다. 그 결과는 파충류의 뇌가 활성화된 엄마와 아이가 서로에게 화를 분출하는 광경으로 이어진다. 그 모습을 본 아빠까지 화가 나 같이 파충류 상태가 되면 너도 동물, 나도 동물, 다 같이 동물이 되어 집안은 동물의 왕국으로 변한다. 전두엽에 피가 흐르지 않으면 전두엽이 퇴화되어 전두엽적 사고를 해야 할 일도 파충류적 사고를 하는 부작용이 생기는 것이다.

그러니 아이들을 키우며 가장 관심을 가져야 할 것은 학습, 인성, 행복을 담당하는 전두엽을 활성화시키는 일이라 할 수 있다. 전두엽이 활성화되면 학습도 인성도 좋은 방향으로 나아갈 수 있고 덤으로 행복감도 얻게 된다. 우리가 하는 모든 교육 활동은 어떤 의미에서 아이들의 전두엽을 활성화시키기 위한 활동이라고 해도 과언이 아니다. 따라서 아이들의 교육을 어느 외주(사교육) 업체에 맡기느냐보다 더 중요한 것은 내가 하는 말과 행동이 우리 아이들의 전두엽을 활성화하는지, 파충류의 뇌를 활성화하는지를 인식하는 것이라 하겠다.

8. 공부 잘하는 재능보다 친구 사귀는 재능을 길러 주어라

저학년 때 아이들에게 가장 중요한 것은 사회 적응 능력과 인간관계를 넓히는 능력을 키워 주는 것이다. 처음 입학하는 아이들에게 학교는 설레고 기대되는 곳이기도 하지만 부담이 되는 곳이기도 하다. 우리 어른들도 무엇인가 새롭게 시작할 때는 새로운 것에 대한 설렘과 기대감 못지않게 더 큰 두려움을 느낄 때가 있다. 아이들에게는 그 두려움이 더 크게 느껴질 것이다. 새로운 환경과 새로운 사람을 만나는 것에 대한 두려움이 먼저 해결되어야 학습에 대한 두려움도 없앨 수 있다.

나는 이런 부분을 생각하지 못하고 아이가 1학년 때부터 수업에 뒤떨어질까 봐 늘 노심초사했다. 특히 한글을 자유롭게 읽고 쓰지 못하고 입학하게 된 딸은 늘 받아쓰기를 열심히 시켰고, 받아쓰기 점수에 신경을 곤두세우곤 했다. 그런 엄마의 관심이 힘들었는지 아이는 받아쓰기 시험을 보거나 학교에서 부담스러운 일이 있으면 늘 머리가 아프고 배가 아프다고 했다. 결석이 잦아지자 아이가 어디가 안 좋아 그런가 싶어 큰 병원에 가서 검사를 했지만 뚜렷한 병명을 찾을 수 없었다. '신경성 두통, 신경성 위염이나 장염' 등이 진단의 전부였다. 나는 그런 딸을 학교 가기 싫으니 꾀병을 부린다며 더 심하게 나무랐다. 아이가 왜 학교에 가기 싫어하는지 알아보려는 생각은 하지 않고 학교를 안 가려는 행동 자체만 생각한 것이다.

결석이 잦고 위와 장이 안 좋은 아이가 학교에 가서 우유를 먹거나 급식을 먹으면 자주 토하는 일이 생기고, '토귀신'이라는 별명으로 불렸지만 바보 같은 엄마는 그 심각성을 깨닫지 못했다. 그런 딸에게 친구가 있었을까? 당연히 친구가 생길 리 없었다. 아이가 "엄마, 친구들이 나랑 안 놀아 줘요. 나는 놀 사람이 없어요."라고 말했을 때도 나는 크게 걱정하지 않았다. "오빠는 공부를 잘해서 친구가 많은 거야. 너는 공부를 못하니 친구가 없는 거고. 공부 잘하면 친구도 많아진다."라고 무식한 말만 되풀이했을 뿐이다. 친한 친구 한 명 없이 학교를 다니느라 얼마나 힘들었을까? 나는 딸아이의 힘들고 괴로운 마음을 헤아리지 못했던 것이다.

이제야 딸에게 1학년 때 가장 중요한 사회 적응 능력과 친구 사귀는 능력을 키워 주지 못했음을 반성한다. 그래서 딸은 초등학교 6년을 다니면서 친구를 제대로 사귀지 못했고, 중학교, 고등학교 그리고 사회에 나가서도 새로운 사람을 만나는 것에 부담을 느끼는 것 같았다. 어느 날 딸이 "엄마, 나는 결혼할 때 가족끼리만 참여하는 소규모 결혼식을 할 거야."라고 말했다. 왜 그런 말을 했을까? 친구가 거의 없는 딸은 자신의 결혼식에 참석해 줄 친구가 없어 걱정이 되었던 것이다. 그 말을 들었을 때 얼마나 가슴이 아팠는지 모른다.

1학년 때 부모가 관심을 가져야 하는 것은 아이가 공부를 얼마나 잘하는지가 아니다. 학교에 잘 적응하는지, 친구들과 잘 어울리는지 주의 깊게 관찰하며 도와주는 것이 부모가 해야 할 가장 중요한 일임을 마음 깊이 새겨야 한다.

9. 집어넣어 주는 티칭(가르치기)이 아니라 끌어내는 코칭(질문)이 필요하다

티칭은 부모나 어른들이 알고 있는 사실을 아이들에게 가르쳐 주는 것을 말한다. 티칭이 통하던 시대가 있었다. 바로 2차 산업혁명 시대였다. 제대로 된 정보를 알 수 있는 방법이 없어서 그 분야의 전문가가 가르쳐 준 정보가 전부였고, 그가 가르쳐 준 그 방법 그대로를 전수받은 사람을 '수제자'라 부르던 시대였다.

그 스승이 가르쳐 준 방법으로 대량 생산을 해서 부자가 될 수 있었던 시대가 2차와 3차 산업혁명 시대였다.

그러나 이제 시대가 변했다. 스승이 가르쳐 준 그 방법을 그대로 따라 하면 '저작권법'에 위배되어 벌금을 내거나 크게 손해를 보는 것이다. 똑같은 물건을 많이 만들어 놓으면 재고가 쌓여 부도가 날 수도 있다. 길거리를 가다 나랑 똑같은 옷을 입은 사람을 만나면 어떨까? "아, 저랑 취향이 같은가 봅니다. 반갑습니다. 우리 차 한 잔 같이 할까요?" 이렇게 말하는 사람이 있을까?

똑같은 옷을 입은 사람을 길거리에서 만나면 우리는 먼저 본 사람이 피하게 되고 두세 번 더 똑같은 옷을 입은 사람을 만나게 되면 그 옷을 입고 싶은 마음이 없어지고 만다.

내가 어렸을 때는 물자가 귀해 어떤 옷을 입었느냐보다 옷을 입었다는 사실이 중요한 시절이었다. 그래서 빨간색 코르덴 바지를 입은 아이들이 많아도 같은 옷을 입었다는 것에 크게 신경 쓸 필요가 없었다. 누구 바지가 무릎이 더 나왔는지 안 나왔는지의 차이가 있었을 뿐이었다. 그러나 요즘은 다르다. 모든 것이 풍족한 시대여서 사람들은 누군가와 똑같은 물건을 사용하는 것을 싫어한다. 이것이 4차 산업혁명 시대의 모습이다. 지금은 예전과는 다른 시각으로 세상을 봐야 한다. 누가 더 특이하고 새로운 것을 개발하는지가 중요한 관심사이기 때문이다.

새로운 것을 만들어 내는 힘은 어떻게 키워야 할까? 우리가 가지고 있는 것을 가르쳐서 집어넣어 주는 티칭이 아닌 아이들이 가지고 있는 것을 끌어내어 주는 코칭을 적용한 학습이 필요하다. 우리나라에 코칭이란 용어가 부각되기 시작한 것은 2002년 이후이다. 바로 월드컵 4강 신화가 있었던 해. 그때 국가 대표 감독은 히딩크였다. 히딩크 감독은 가르쳐 주는 것보다 질문하기를 좋아했다고 한다. 경기가 끝나고 나면 "이번 경기에서 우리가 잘한 것이 무엇이지? 부족했던 것은? 앞으로 더 잘하려면 어떻게 해야 될까?" 등의 질문이 뒤따랐고, 선수들이 그 질문의 답을 찾아내면 항상 칭찬을 잊지 않았다는 것이다. 경기에 참여한 선수들의 잘못을 지적하기보다는 선수들 각자가 그 경기에서 잘한 것을 찾아내어 인정해 주는 감독이 있어서 대표 팀은 경쟁 속에서도 하나가 될 수 있었다. 잘한 것을 더 잘하게 해 주고, 늘 질문을 통해 선수들이 가진 잠재 능력을 끌어낸 히딩크 감독 덕분에 당시 선수들은 세계적인 선수로 성장했고 우리에게 4강 신화의 기쁨까지 안겨 주었다. 그때 히딩크 감독과 같이 선수들을 지도했던 박항서 감독이 베트남에서 또 다른 신화를 일으켰던 것은 결코 우연이 아니라 생각한다. 이것이 바로 코칭의 위력이다.

코칭을 할 때 기억해야 할 것은 아이에게 질문을 하여 반드시 아이가 선택할 수 있는 기회를 제공해 주어야 한다는 것이다. 생활 속의 작은 질문들 "몇 시에 밥 먹을까? 무슨 반찬 먹고 싶니? 어떤 학원을 가고 싶니? 어떤 방과 후 학교 수업을 하고 싶니? 방학 동안 어디를 갈까?" 등 늘 질문을 하여 아이 스스로 결정하게 하는 것이 코칭의 가장 기본이다. 학원을 다니거나 사교육 자체가 문제가 아니라, 아이의 선택권을 무시한 채 부모가 알아서 학원이나 각종 사교육 활동을 정해 주는 것이 가장 큰 문제가 된다는 사실을 기억해야 한다.

우리 아이들이 어렸을 적 나름 부모 노릇을 한다고 어린이날, 아이들 생일날, 크리스마스 날 아이들에게 선물을 사 주러 가면 들뜬 마음으로 아이들이 백화점이나 완구점에 따라온다. 그러면 내가 아이들에게 이렇게 말했다. "10분 안에 얼른 골라. 엄마 바쁘니까." 이 말을 듣는 순간 아이들은 어땠을까? 불안해지기 시작했을 것이다. 아이들은 얼른 골라야 된다는 강박 관념에 마음이 바빠지니 물건을 이것저것 만져 보다가 떨어트린다. 그럼 또 한마디를 하곤 했다. "그것 네가 다 살 거야? 눈으로 봐. 왜 다 떨어뜨리고 그러니." 라고 야단을 쳤다. 그러면 주눅이 들어 더 고르지 못한 상태에서 시간은 자꾸 흐르고 마음이 바빠지니 아이들에게 다그친다. "엄마가 셋 세는 동안 골라. 하나, 둘, 셋." 이렇게 고르라고 하면 아이들은 제대로 못 고르고 그러면 "이것이 우리 집에 없으니 이것 가지고 가자." 하면서 내 맘대로 골라 온 적도 많았다.

아침에 출근하기 바빴던 나는 아이들의 옷을 저녁에 미리 챙겨 놓은 적이 많았다. 일기예보를 보고 거기에 맞는 옷을 부족한 패션 감각으로 나름 맞춤을 하여 챙겨 놓았다. 아들은 엄마를 이기지 못한다는 것을 일찍이 터득하였기에 입으라는 옷을 입었지만, 딸은 엄마가 골라 준 옷을 맘에 들어 하지 않았다. 그 옷을 안 입겠다고 칭얼대며 때로는 미리 다른 옷을 입고 있기도 했다. 내가 생각하기로는 그 옷을 입으면 감기에 걸리거나 너무 더울 것 같고, 옷 색깔이 어울리지 않다는 등 여러 가지 이유로 안 된다고 아이에게 강요를 했다. 아이는 자기가 고른 옷을 입겠다고 입은 옷을 꽉 잡고 있었다. 안 벗겠다고 더욱 고집을 부리면 나는 아이가 잡고 있는 옷을 억지로 벗겼다. 아이는 잡고 있고 나는 벗기고, 그 옷이 어떻게 되었을까? 그래서 우리 집에는 찢어진 옷이 많았다. 그런 딸을 누구 닮아 저렇게 고집이 센지 모르겠다고 야단을 치며 억지로 내가 골라 놓은 옷을 입히곤 했다. 어린 시절 우리 집 아이들은 선택을 할 수 없었다. 휴가를 갈 때도, 여행을 갈 때도 아이들에게 물어본 적이 없었고, 아이들 사교육을 시킬 때도 내 주장대로 했다.

"너, 수학 경시 대회 금상 못 받았지? 수학 학원 가자."

"미술이 중학교에 가면 수행 평가에 필요하단다. 미술 학원 가자."

"우리나라 것도 좀 알아야 하지 않겠니? 사물놀이도 배워."

"리코더도 잘 연주하니까 정말 보기 좋더라. 리코더 캠프도 다녀오고."

"물에 빠지면 떠야 하니까 수영도 배우고."

"스케이트도 좋다더라. 이번 겨울엔 그것도 좀 배우고. 스키도 가족끼리 타니까 보기 좋더라. 스키도 좀 배우고."

이렇게 안 시켜 본 것이 없었다. 그래서 우리 아이들은 늘 바쁘고 쫓기는 시간을 보냈고 마음 놓고 놀아 본 적이 없었다. 그 많은 것들을 시키면서 아이들에게 의견을 물어본 적이 없었다. 그런데 내가 왜 그런 것들을 무리하게 시켰을까? 어렸을 적 해 보고 싶었는데 돈이 없어서, 또는 여건이 안 되어 할 수 없었던 한 맺힌 것들이었다.

특히 나는 '피아노'에 연연했다. 피아노는 거의 모든 아이들이 배우는 과목이었다. 피아노는 나에게 가슴 아픈 사연이 있는 과목이다. 나는 교육대학을 다녔기에 초등학교에서 가르치는 전 과목을 다 공부를 해야 했다. 그중 음악 교과에 피아노 연주는 배운 적도 없고 초등학교 때는 구경도 해 본 적이 없었다. 피아노를 처음 본 것은 중·고등학교를 다녔을 때였고, 초등학교 때는 풍금이라는 것을 구경하고 그것으로 음악 공부를 했다. 그런 나에게 피아노 연주는 정말 힘들었다. 대학 1학년 때 학기말 음악 시험을 대비해 한 학기 내내 연습을 했지만 받은 점수는 D학점이었다. 다른 과목 점수는 잘 받았지만 음악 때문에 뼈아픈 경험을 했다. D학점의 성적표를 받고서 피아노에 한이 맺혔고, 내가 아이만 낳으면 피아노는 자유자재로 칠 수 있게 해 주겠다는 결심을 하게 되었다. 그래서 우리 두 아이들은 학교에 들어가기 전부터 피아노를 배우기 시작했다. 아이가 취미가 무엇인지, 특기가 무엇인지, 관심이 있는지 등은 중요하지 않았다. 무엇이든 열심히 하면 안 되는 것이 없다고 생각을 한 것이다. 두 아이는 주말을 제외하고 거의 하루도 빠짐없이 피아노 학원을 다녔다. 그런데 2~3학년쯤 되었을 때부터 아이들은 내게 애원을 했다.

"엄마, 피아노 좀 끊어 주세요. 전 피아노 학원 가기 싫어요. 피아노 학원만 가면 숨이 막히고 토할 것 같아요. 피아노 안 치면 안 되나요?"

"잔소리 말고 열심히 쳐. 하다 보면 좋아져. 나중에 엄마한테 고맙다고 할 테니까, 그냥 쳐."

나는 아이들 말을 무시했다.

그 뒤 아이들은 피아노 학원을 간다고 나가서는 학원에 가지 않고 놀다 오는 날이 많았다는 사실을 알았다. 그래서 어느 날 두 아이를 앉혀 놓고 위협적인 목소리로 이야기했다.

"너희, 잘 들어. 엄마는 피아노 없는 동네에 살았어. 너희는 엄마를 잘 만나 피아노 구경도 하고, 만져 보기도 하고, 이렇게 비싼 돈을 내고 배울 수도 있잖니? 고마운 줄 알아야지. 잔소리 말고 피아노는 초등학교 졸업하는 2월 28일까지 쳐. 앞으로 한 번만 더 피아노 학원을 빠지면 집에 못 들어오는 줄 알아."

엄마를 이길 수 없었던 두 아이는 억지로 억지로 피아노를 배웠고 전국 대회에 나가 트로피를 받기도 했다. 그렇게 열심히 친 피아노는 초등학교 졸업하는 2월 28일까지 배웠고 그 2월 28일 이후 우리 두 아이들은 피아노 앞에 앉아 본 적이 없다. 본인의 선택이 아니었던 그 피아노를 매일매일 치며 얼마나 많은 스트레스를 받았을까? 지금 생각하면 얼마나 지혜롭지 못한 짓을 했는지, 우리 두 아이는 그 하기 싫은 것을 하며 돈 버리고, 시간 버리고, 나와의 인간관계를 버리고, 매일 열 받아 파충류의 뇌를 활성화시키는 일을 하고 있었다. 여러분! 오늘 여러분 자녀들에게 물어보기를 바란다.

"네가 다니는 그 학원, 네가 원해서 다니니? 아님 안 죽으려고 마지못해 다니니?"

만약 자녀가 안 죽으려고 마지못해 다닌다면, 그 학원은 돈 버리고 시간 버리고 인간관계 버리고 아이의 뇌 상태까지 버리고 있다는 사실을 기억해야 한다.

10. 물질의 금수저보다 정서의 금수저로 키워라

'성공' 하면 무엇을 떠올릴 수 있을까? 과거 내가 가진 성공의 개념은 이런 것이었다. 우리 아이들 공부 잘하게 만들어서 좋은 대학 보내고, 좋은 직장 들어가서 돈 많이 벌고, 지위도 높았으면 좋겠다. 그래서 남들보다 잘나가고 떵떵거리며 사는 것이었다. 많은 사람들이 과거의 나처럼 잘못된 성공의 개념을 지니고 있다. '성공'이라는 말을 들으면 대부분 '돈, 지위, 명예'를 떠올리는 경우가 많다. 그런데 돈, 지위, 명예를 가지면 진짜 성공일까? 무엇인가 중요한 게 빠진 것 같은데 그건 무엇일까? 바로 '행복'이다. '행복'이 갖추어져야 비로소 진짜 성공이 된다.

그렇다면 성공은 과연 언제까지 유지되어야 하는 것일까? 물론 죽을 때까지 그리고 우리 가문 대대손손 이어진다면 좋을 것이다. 내가 가진 돈과 지위와 명예가 나와 자녀들의 행복을 유지시켜 주며, 그 행복이 대물림이 된다면 더할 나위 없이 좋지 않겠는가?

그런데 어떤 이에게는 돈과 지위와 명예가 때로는 큰 재앙이 되기도 한다. 부모가 가진 많은 재산을 가로채기 위해 부모를 해치는 경우가 있고 장례식장에서 큰 싸움이 나기도 한다. 재산 때문에 형제가 서로 원수가 되어 버린 것이다. 대기업의 후손들이 부모가 죽고 난 뒤 남처럼 지내는 경우가 많은 것도 이와 무관치 않을 것이다.

우리는 과거보다 물질적으로 풍요로운 시대에 살고 있다. 훨씬 좋은 음식을 먹고, 좋은 옷을 입고, 좋은 곳을 여행한다. 하지만 과거에 비해 풍요로운 세상, 물질적 성취를 했다고 해서 과거의 우리보다 현재의 우리가 더 행복할까?

역설적으로 행복 지수는 끝없이 추락하고 자살률은 치솟고 있는 상황이다. 왜 그럴까? 그 원인은 관계의 실패에서 찾을 수 있다. 과거에는 물질은 좀 부족했지만 부모와 자녀, 형제, 친구, 이웃과의 정서적인 관계를 통해 행복감을 느낄 수 있었다. 그런데 현대인들은 가장 소중한 사람들과의 정서적 관계에서 흙수저를 들고 살고 있다. 물질적으로 풍족해도 정서적으로 궁핍한 세상에 살고 있으니 행복을 느낄 수 없다. 우리 아이들이 행복감을 느낄 수 있도록 물질적 성취의 금수저보다 정서적 관계의 금수저가 되게 도와주어야 한다.

11. 최고의 선물은 비싼 장난감이 아니라 놀이이다

인간은 삶의 시기에 따라 4가지에 몰입한다고 한다. 어린 시절에는 놀이에 몰입하고, 청년 시절에는 사랑에, 장년이 되면 일에, 노년에는 종족 보존의 본능에 의해 손자 손녀에게 사랑을 쏟는다는 것이다. 시기별로 이 4가지에 몰입하면 인간은 행복감을 충분히 느낄 수 있다고 한다.

머리말에서 요즘 아이들에게 인정, 존중, 칭찬이 중요하다고 강조하였다.

그러면 과거의 아이들은 어땠을까? 과거의 아이들도 인정, 존중, 칭찬을 받으며 살았을까? 우리가 어렸을 적 부모님, 선생님들 중에는 현재의 시각에서 보면 인권위원회에 신고해야 할 분들이 정말 많았다. 그런데 우리는 어떻게 지금까지 큰 문제 없이 살아올 수 있었을까? 그것은 과거의 아이들에게는 놀이가 있었기 때문이다. 예전에는 학교가 끝나면 함께 모여 구슬치기, 팔방치기, 달리기, 고무줄놀이를 하며 꽉 찬 시간을 보냈다. 놀이들이 너무 재미있어서 시간이 얼마나 흘렀는지도 까먹는 게 예사였다. 그럴 때 세라토닌, 도파민,

엔돌핀, 다이돌핀이 분비되어 우리의 뇌를 발달시키고 뇌의 용량을 키우며 인성도 훌륭하게 해 준다. 우리들의 기억 속에는 학원도, 과외도, 학습지도 없는 세상에서 해가 뉘엿뉘엿 졌을 때 각 가정의 어머니들이 온 마을이 떠들썩하게 아이들의 이름을 부르던 추억이 존재한다. 내일 만나 놀 것을 기대하던 아쉬운 발걸음까지도 선명하게 남아 있다.

과거의 아이들은 그렇게 놀이를 통해서 의사소통 능력을 키우고, 창의적인 생각을 키우고, 성취감을 맛보며, 친구들과의 사회성을 기르고, 학습 능력을 키운 행복한 아이들이었다. 그러나 놀아야 할 시기에 놀지 못하는 요즘 아이들은 점점 무기력해지고 학습 의욕까지 잃어 가고 있는 실정이다. 가장 중요한 '놀이'가 어른들과 사회에 의해 차단된 이후 아이들은 막상 놀 기회가 주어져도 놀지 못한다.

어린 시절부터 기둥에 다리가 묶인 코끼리는 줄의 길이만큼의 반경 내에서 움직인다. 이 코끼리가 큰 뒤에 묶인 다리를 풀어 주어도 과거의 반경 내에서만 움직이는 법이다.

요즘 아이들은 함께 있어도 어울려 노는 것을 어려워한다. 같이 놀아 본 적이 없기 때문에 모여 있어도 게임기, 컴퓨터, 휴대폰을 가지고 각각 자기의 방법으로 시간을 보내곤 한다. 아이들은 친구들과 같이 놀이를 할 때 관계를 맺는 방법을 알게 되고 관계를 넓히게 된다는 것을 기억하라. 좋은 장난감이나 놀이 기구를 사 주는 것보다 더 중요한 것은 또래 친구들과 같이 마음껏 놀 수 있는 시간이다. 따라서 뜻이 맞는 부모들끼리 의논하여 아이들이 어울릴 수 있도록 '마음껏 놀 자리'를 마련해 주는 것이 좋다.

12. 입 다무는 조용한 아이가 아니라 생각을 말하는 떠드는 아이로 키워라

집집마다 조금씩 다르겠지만 우리나라의 저녁 식탁 풍경을 한번 그려 보자. 우선 가족이 다 모여서 먹는 경우가 드물다. 식탁에서는 어떤 대화가 오갈까?

"빨리 먹어. 빨리 학원 가야지. 얼른 먹고 숙제해. 빨리 먹고 책 읽어."

얼른, 빨리로 아이들을 다그치는 엄마가 식탁을 지배한다. 가장 소중한 가족과 눈 마주치며 대화하는 시간, 관계를 쌓아 가는 시간에 소홀하다. 우리나라와 달리 이스라엘 가정은 식사 시간이 두 시간 이상이라고 한다.

이스라엘의 저녁 식탁 풍경은 대체로 다음과 같을 것이다.

"오늘 어떤 일이 있었니?"

"무슨 무슨 일이 있었어요."

"너는 그때 무슨 생각을 했니?"

"저는 이렇게 생각했어요."

"어떻게 그렇게 좋은 생각을 했니? 참 좋은 생각을 했구나. 그렇게 하면 참 좋겠네. 그런데 네 이야기를 듣다 보니 엄마(아빠)는 이런 생각이 들어."

부모와 아이들은 이런 대화를 주고받으면서 식사를 하기 때문에 식사 시간이 두 시간 이상으로 길어질 수밖에 없다. 계속 아이의 생각을 물어보고, 부모인 자신의 생각을 이야기하며 하루를 정리하는 소중한 시간인 셈이다. 저녁 먹는 두 시간을 확보해야 하니 사교육을 시키기는 당연히 어려울 것이다.

아직도 대가족이 유지되고 있고, 저녁을 두 시간씩 먹고 있는 이스라엘은 우리가 볼 때는 이상한 나라이다. 그렇지만 이스라엘은 아이들이 잘하는 것을 더 잘하게 만들어 주는 나라이다. 노벨상의 40퍼센트를 가져가고 많은 분야에서 두각을 나타내며 세계를 좌지우지한다. 유태인의 성공의 비밀이 바로 여기에 있는 것이 아닐까?

이스라엘의 질문이 있는 교육을 '하브루타'라고 한다. 이 하브루타는 코치형 부모가 되어야 실현 가능한 교육이기도 하다.

이스라엘 부모들이 아이들에게 가장 자주 하는 '마타호쉐프'라는 말은 바로 '네 생각은 뭐야?'라는 뜻이다. 이렇게 매일 물어보니 아이들은 이 물음에 답을 하기 위해 늘 생각해야 하고, 그러다 보니 생각의 머리인 전두엽을 계속 사용하게 된다.

다시 우리나라 가정으로 돌아와 보자. 부모들은 평소에도 아이들에게 늘 "조용히 해, 입 다물어, 말하지 마."라는 잔소리를 많이 한다. 아예 '정숙'이라는 단어를 써 붙여 놓기도 한다.

이렇게 자란 아이들은 입 다물고 조용히 말없이 식탁에서 밥을 먹고, 입 다물고 조용히 학원에 가서 문제집을 풀고, 입 다물고 조용히 학교에서 선생님 설명을 듣고, 입 다물고 조용히 자기 방에서 혼자 문제집을 풀고, 입 다물고 조용히 칸막이 있는 독서실에서 혼자 공부할 것이다. 입 다물고 조용히 고시원에 가서 또 혼자 공부하고, 입 다물고 조용히 원룸에서 혼자 살다가 궁극적으로 고독사에 이르게 될지도 모른다. 말 못하는 교육, 말 안 하는 교육을 시키는 대한민국 교육의 종착점이 이런 모습일까 봐 두렵다.

어려서부터 입 다무는 교육을 받은 요즘 아이들은 대화하기가 쉽지 않다.

고기도 먹어 본 사람이 잘 먹듯이 대화도 해 본 사람이 잘하는 법이다. 밥상 머리와 생활 속에서 늘 대화를 하는 습관이 들어야 말을 잘할 텐데, 말을 안 하고 살았으니 말하는 것이 귀찮을 수밖에 없다. 그래서 요즘 아이들은 친구랑 같은 공간에 있어도 각자 휴대폰과 게임기를 가지고 혼족으로 산다. 밖에 나가서 뛰어놀기도 하고 누구랑 만나서 이야기를 해 보아야 마음에 맞는 사람도 찾을 텐데 그런 기회가 없으니 사람 만나기도 어렵다.

나 같은 선생, 나 같은 부모의 질문이 없는 주입식 교육, 문제만 풀게 하고 입을 다물게 하는 교육이 이런 아이들을 만든 건 아닐까? 그런 의미에서 우리 아이들이 제대로 자라지 못하고 있는 것에는 나의 책임도 크다고 하겠다.

서로 어울려 살게 하는 것은 정책과 지원이라는 소극적인 방법만으로는 해결할 수 없다. 무엇보다도 먼저 교육을 바꾸고 문화를 바꾸고 의식을 바꾸어야 한다.

과거의 나의 잘못을 바로잡고 싶어 교육자의 양심을 걸고 우리 교육을 바꾸어야 한다고 주장하고 있다. 그 첫걸음으로 입 다무는 조용한 아이들이 아니라 자신의 생각을 마음껏 말하는 떠드는 아이로 키워 주길 새내기 부모들에게 간곡히 부탁하는 바이다.